广西优秀传统文化
出 版 工 程

“自然广西”丛书

多彩矿藏

陶 琦 著

广西科学技术出版社
·南宁·

图书在版编目（CIP）数据

多彩矿藏 / 陶琦著 .—南宁：广西科学技术出版社，2023.9
（“自然广西”丛书）
ISBN 978-7-5551-1975-3

Ⅰ.①多…　Ⅱ.①陶…　Ⅲ.①矿产资源—广西—普及读物　Ⅳ.①P617.67-49

中国国家版本馆 CIP 数据核字（2023）第 174351 号

DUOCAI KUANGCANG
多彩矿藏
陶　琦　著

出 版 人：梁　志
项目统筹：罗煜涛
项目协调：何杏华
责任编辑：梁珂珂
装帧设计：韦娇林　陈　凌
美术编辑：韦娇林
责任校对：苏深灿
责任印制：陆　弟

出版发行：广西科学技术出版社
社　　址：广西南宁市东葛路 66 号
邮政编码：530023
网　　址：http：//www.gxkjs.com
印　　制：广西壮族自治区地质印刷厂

开　　本：889 mm × 1240 mm　1/32
印　　张：7
字　　数：151 千字
版　　次：2023 年 9 月第 1 版
印　　次：2023 年 9 月第 1 次印刷
书　　号：ISBN 978-7-5551-1975-3
定　　价：38.00 元

总序

江河奔腾，青山叠翠，自然生态系统是万物赖以生存的家园。走向生态文明新时代，建设美丽中国，是实现中华民族伟大复兴中国梦的重要内容。

进入新时代，生态文明建设在党和国家事业发展全局中具有重要地位。党的二十大报告提出“推动绿色发展，促进人与自然和谐共生”。2023 年 7 月，习近平总书记在全国生态环境保护大会上发表重要讲话，强调“把建设美丽中国摆在强国建设、民族复兴的突出位置”，“以高品质生态环境支撑高质量发展，加快推进人与自然和谐共生的现代化”，为进一步加强生态环境保护、推进生态文明建设提供了方向指引。

美丽宜居的生态环境是广西的“绿色名片”。广西地处祖国南疆，西北起于云贵高原的边缘，东北始于逶迤的五岭，向南直抵碧海银沙的北部湾。高山、丘陵、盆地、平原、江流、湖泊、海滨、岛屿等复杂的地貌和亚热带季风气候，造就了生物多样性特征明显的自然生态。山川秀丽，河溪俊美，生态多样，环境优良，物种丰富，广西在中国乃至世界的生态资源保护和生态文明建设中都起到举足轻重的作用。习近平总书记高度重视广西生态文明建设，称赞“广西生态优势金不换”，强调要守护好八桂大地的山水之美，在推动绿色发展上实现更大进展，为谱写人与自然和谐共生的中国式现代化广西篇章提供了科学指引。

生态安全是国家安全的重要组成部分，是经济社会持续健康发展的重要保障，是人类生存发展的基本条件。广西是我国南方重要生态屏障，承担着维护生态安全的重大职责。长期以来，广西厚植生态环境优势，把科学发展理念贯穿生态文明强区建设全过程。为贯彻落实党的二十大精神和习近平生态文明思想，广西壮族自治区党委宣传部指导策划，广西出版传媒集团组织广西科学技术出版社的编创团队出版“自然广西”丛书，系统梳理广西的自然资源，立体展现广西生态之美，充分彰显广西生态文明建设成就。该丛书被列入广西优秀传统文化出版工程，包括“山水”“动物”“植物”3 个系列共 16 个分册，“山水”系列介绍山脉、水系、海洋、岩溶、奇石、矿产，“动物”系列介绍鸟类、兽类、昆虫、水生动物、远古动物、史前人类，“植物”系列介绍野生植物、古树名木、农业生态、远古植物。丛书以大量的科技文献资料和科学家多年的调查研究成果为基础，通过自然科学专家、优秀科普作家合作编撰，融合地质学、地貌学、海洋学、气候学、生物学、地理学、环境科学、历史学、考古学、人类学等诸多学科内容，以简洁而富有张力的文字、唯美的生态摄影作品、精致的科普手绘图等，全面系统介绍广西丰富多彩的自然资源，生动解读人与自然和谐共生的广西生态画卷，为建设新时代壮美广西提供文化支撑。

八桂大地，远山如黛，绿树葱茏，万物生机盎然，山水秀甲天下。这是广西自然生态环境的鲜明底色，让底色更鲜明是时代赋予我们的责任和使命。

推动提升公民科学素养，传承生态文明，是出版人的拳拳初心。党的二十大报告提出，“加强国家科普能力建设，深化全民阅读活动”，“推进文化自信自强，铸就社会主义文化新辉煌”。“自然广西”丛书集科学性、趣味性、可读性于一体，在全面梳理广西丰富多彩的自然资源的同时，致力传播生态文明理念，普及科学知识，进一步增强读者的生态文明意识。丛书的出版，生动立体呈现八桂大地壮美的山山水水、丰盈的生态资源和厚重的历史底蕴，引领世人发现广西自然之美；促使读者了解广西的自然生态，增强全民自然科学素养，以科学的观念和方法与大自然和谐相处；助力广西守好生态底色，走可持续发展之路，让广西的秀丽山水成为人们向往的“诗和远方”；以书为媒，推动生态文化交流，为谱写人与自然和谐共生的中国式现代化广西篇章贡献出版力量。

“自然广西”丛书，凝聚愿景再出发。新征程上，朝着生态文明建设目标，我们满怀信心、砥砺奋进。

聆听八桂矿藏密语

探寻大地宝藏
揭开广西深处的奥秘

探寻
多彩矿藏
短视频讲解本书内容 快速获取核心知识

发现
地球秘密
有趣的地理知识 探索矿物的秘密

拓宽
阅读视野
品质好书推荐 丰富知识储备

目录

微信 / 抖音扫码

综述：倾听矿藏的密语

提起“矿”，你的脑海里会闪现出什么？也许是地下深处神秘矿洞里的水晶，又或者是来自星星的礼物——陨石。

矿藏由地球母亲经复杂的地质演化孕育而成。从矿床、矿脉及围岩的情况，到矿石的形态、大小、色彩等，矿藏用独特的语言诉说着地球起源及演化的亿万年历史。

当然，聪明的你也许早已观察到，矿物不只在离我们较远的地下深部和太空深处才展现它的千姿百态和缤纷色彩，矿物其实就在我们身边——道路桥梁、高楼大厦、汽车飞机、锅碗瓢盆，以及电脑、手机等大大小小的电子产品，它们的基础原料，就来自神奇的矿物。现代人离不开矿物、受益于矿物。它们为我们遮风挡雨，添暖祛寒，让我们的生活安稳且多姿多彩。

那么矿到底是什么？究竟什么是矿物，什么是矿产资源？让我们来捋一捋它们之间的关联。

在很多人眼里，矿物就是一些石头，即矿石。其实，矿物由化学元素组成，可用化学分子式表示主要成分，它既是矿产资源的个体，又是构成岩石的最小单位。

矿产资源是蕴藏在地层中可开采的矿物聚集体，也是矿石集合体，具有经济价值，可开采利用。绝大多数矿物为固态，如铁矿、煤矿；少数矿物为液态或气态，如石油和天然气。

“矿”是“矿产资源”的简称，又可称为“矿物资源”。同时，“矿”也泛指开采矿物的场所或单位，如某矿山、某矿区。

矿物、矿石、矿产资源、矿，你中有我、我中有你，你就是我、我就是你，密不可分。它们是人类繁衍生息的重要资源，早已融入现代人的日常生活里。它们的生成看似偶然，其实是大自然精确严整的产物。

矿床、矿脉所处的地质环境，以及矿物的成分、形态、大小、色彩等，汇集组合成神秘的语言，忠实地记录着地球乃至所有星球起源及演化的秘密。

地球上大约有 4400 种矿物，它们形态多样，大小各异，多姿多彩，令人叹为观止。

人类利用矿物岩石的程度，往往与各个时代科技与文明发展的水平相匹配。

考古学家将人类历史划分为旧石器时代、新石器时代、青铜器时代、铁器时代等，都是以当时人们开发利用的主要矿产种类为时代的标志特征。而在现代，煤炭、石油等能源矿产及钢铁的大量使用，促进了第一次工业革命的繁荣发展；铀、硅和稀有金属等矿产的开发利用，带来了电子信息、航空航天、原子能等尖端科学技术的迅猛发展。

在民间，老百姓根据部分矿物的日常用途，简单直接地对它们进行归类，如化妆品矿物、药品矿物、饰品矿物、颜料矿物、宝石矿物等。而地质学家根据化学成分和晶体结构的不同，将矿物分成五大类：一是自然元素矿物，如自然金、自然铂、自然银、金刚石、石墨、硫黄等；二是硫化物及其类似化合物，如黄铁矿、黄铜矿、方铅矿、闪锌矿、辉银矿、辉锑矿等；三是氧化物及氢氧化物，如石英、刚玉、锡石、磁铁矿、赤铁矿等；四是卤化物，如食盐、萤石等；五是含氧盐矿物，如分布最广的碳酸盐矿物方解石和白云石，硫酸矿物中常见的石膏、重晶石等。此外，自然界中还含有少量有机矿物，占矿物总数的 1% 左右。

世界上已发现的矿产约有 200 种。根据矿产特性及其主要用途，人们将矿产资源分为能源矿产、金属矿产、非金属矿产和水气矿产。

广西拥有较齐全的矿种门类和为数较多的优势矿种。截至 2020 年底，在我国公布的 182 个矿种中，广西已发现 172 种（含亚种），其中已探明资源储量的矿

辉锑矿晶石（藏于广西壮族自治区自然资源档案博物馆）

产有 132 种，88 种矿产资源保有储量居全国前十位。此外，广西还是有色金属之乡，是全国 10 个重点有色金属产区之一。

广西矿产资源储量在全国的位次表（截至 2021 年底）见表 1。

表 1　广西矿产资源储量在全国的位次表（截至 2021 年底）

矿产名称	位次
铅矿（铅锆石）、钪矿、熔剂用灰岩、化肥用灰岩、压电水晶、建筑石料用灰岩、玻璃用砂、高岭土、膨润土、水泥配料用黏土、水泥配料用泥岩、黑耀岩、建筑用大理石	1
锰矿、重稀土矿、铟矿、砷矿、熔炼水晶、长石、方解石、饰面用灰岩、玻璃用白云岩、砖瓦用砂岩、建筑用砂岩、粉石英、水泥配料用页岩、建筑用页岩、建筑用角闪岩、饰面用辉绿岩、建筑用辉绿岩、水泥混合材用安山玢岩、水泥混合材用闪长玢岩	2
石煤、钛矿（钛铁矿砂矿）、铋矿、锑矿、轻稀土矿(稀土氧化物砂矿)、轻稀土矿(独居石砂矿)、镓矿、铪矿、化肥用砂岩、砖瓦用页岩	3
锌矿、铝土矿、镉矿、重晶石、水泥配料用砂岩、水泥配料用砂、砖瓦用黏土	4
锡矿、锆矿（镐英石）、锗矿、泥炭、滑石、玛瑙、建筑用砂、建筑用花岗岩、饰面用大理石	5
钨矿、饰面用花岗岩	6
钛矿（钛铁矿）、钒矿、银矿、铌矿、钽矿、铊矿、自然硫、硫铁矿(矿石)、含钾岩石、磷矿(伴生矿)	7
铅矿、制碱用灰岩、建筑用白云岩、玻璃用脉石英、陶粒用黏土	8
钛矿（金红石）、铌钽矿、冶金用白云岩、芒硝、水泥用灰岩、陶瓷土	9
汞矿、叶蜡石	10

续表

矿产名称	位次
铷矿、化肥用蛇纹岩、石棉、珍珠岩	11
铂矿、金矿、铍矿、冶金用脉石英、硼矿、硅灰石、沸石、建筑用闪长岩	12
镍矿、耐火黏土、水泥用凝灰岩	13
钴矿、硫铁矿（伴生硫）、电石用灰岩、云母、玻璃用砂岩	14
石膏（15）、油页岩（16）、硒矿（16）、铜矿（18）、水泥用大理岩（18）、镁矿（19）、玻璃用石英岩（19）、普通萤石（20）、磷矿（矿石）（20）、制灰用石灰岩（20）、铁矿（21）、煤炭（22）、钼矿（25）	15～25

注：钛矿、轻稀土矿、锆矿、硫铁矿、磷矿等矿种含多个统计对象，括号内数字为全国排名位次。

矿产资源的形成，需要在地质作用、热液等条件下，历经上万年甚至亿万年的熔融、淬火、结晶。矿产并非只为人类所生，却为人类所用。我们有幸遇见矿产资源最成熟、最美丽的时刻，有幸生活在矿产资源能为人类收获的短暂时间里，当万分珍惜。

广西既拥有绿水青山，又拥有金山银山。壮美自然鬼斧神工，为八桂大地雕琢出千奇百怪的山水地貌，孕育出多姿多彩的矿产资源。

广西的特色矿产都有什么特点，有哪些用途，其背后又有什么样的故事？

我们邀请热爱自然、热爱观察的你，一起透过大地宝藏——矿产资源，去探索地球的神奇奥秘，了解八桂大地的神秘过去，领略大自然的鬼斧神工。

能源矿产：深藏地下的『阳光』

大地上，汽车、动车在疾驰；天空中，飞机忙碌穿梭；海面上，轮船鸣笛启航。窗外，璀璨灯光装点着城市的夜晚；掌中，手机网络四通八达……世界快速运转，靠的是能源的支撑。

工业化时代与自给自足的小农经济时代不同，若没有足够的能源驱动基础设施运转，普通人连基本生存所需的物资都很难配给到位。说能源会影响国家生死存亡，是一点儿也不过分！

大自然将人类生产和生活所必需的热、光、电及动力能量，化为载能体资源——能源矿产，仿佛将亿万年来的阳光及热量都收集起来深藏于地下，以哺育工业时代的人类。

能源矿产可分为燃料矿产、放射性矿产、地热资源三大类。

广西已发现石油、煤、石煤、天然气、煤层气、油页岩、铀、钍、地热（地热水）9种能源矿产。

铀：原子核燃料

中国发现的第一个铀矿

1943 年，南延宗任职于桂林市前资源委员会锡业管理处。同年 5 月，在广西富钟县花山区黄羌坪（位于今钟山县）的一个锡钨矿废旧窿口，南延宗被鲜艳的黄色矿物吸引。该矿物量少，近似粉末，凑近细看，有的艳黄色矿物上还附着黑色物质。南延宗怀疑它们是含铀的矿物，因为铀矿与钨矿、锡矿在花岗伟晶岩脉中共生，鲜艳的色彩是表生成因铀矿物的特征之一。

南延宗用小刀刮取少许黄色矿物，将其带回桂林，与同行的地质力学专家吴磊伯一起通过照片感光及显微化学分析、定性分析比较、放射性试验，鉴定出这些矿物的确是次生铀矿物，包括磷酸铀矿、脂状铅铀矿、沥青铀矿等。这是我国地质勘查历史上首次发现铀矿物。

不过在黄羌坪，这种铀矿到底多不多呢？是只有矿点处的些许粉末状矿物，还是会多到足以形成一座矿山？科学家们期待着调查勘探。

1943 年 8 月，李四光来到广西，与南延宗和吴磊伯到黄羌坪铀矿物点实地勘查，发现这里的铀矿物沿着一条钨锡花岗伟晶岩脉的断层面生长。经过综合研

铀矿石

判，这里的铀储量达到铀矿规模。

这是中国第一次发现铀矿！主要发现者南延宗因此被誉为“中国铀矿之父”。

自然界不存在游离的金属铀，铀总是以四价或六价离子与其他元素化合存在。已知的组成恒定、铀含量恒定的铀矿物近 200 种，但具有工业开采价值的铀矿物仅有二三十种，其中重要的有沥青铀矿、晶质铀矿（二氧化铀）、铀石和铀黑等。很多铀矿物呈黄色、绿色或黄绿色。有些铀矿物在紫外线照射下会发出强烈的荧光，正是它们这种发出荧光的特性使放射性现象被发现。

目前，我国共探明大小铀矿床（田）200 多个，主要分布在江西、广东、湖南、广西、新疆、辽宁、云南、河北、内蒙古等省（自治区）。目前广西铀矿保有储量居全国前列。

硅钙铀矿石

硅镁铀矿石

硅铅铀矿石

硅铜铀矿石

从军事核原料到民用核电原料

在近代金属界，当银白色的铀一出场，就令人又惧又爱。

铀是地球上最重的金属之一，它的密度约为19.1克/厘米^3；也是最活泼的元素之一，几乎可与所有的非金属元素（除惰性气体外）反应生成化合物。铀矿色彩绚丽，是矿石家族中的“玫瑰花”。

铀具有释放射线的性质和能力。1938年，德国科学家奥托·哈恩发现，在铀核裂变的连锁反应中，微小的质量损失会转化成巨大的能量。在完全裂变的情况下，

1 千克铀 -235 理论上可以产生 80 万亿焦耳的能量，相当于约 3000 吨标准煤完全燃烧产生的热量。铀是天然的易裂变核素。

作为新型核燃料，铀可用于制造核裂变武器，也可用于核能发电。不幸的是，这种新能源一经问世即被用于制造大规模杀伤性武器——原子弹。

1945 年，美国制成 3 颗原子弹。第一颗原子弹被用于核试验；另外 2 颗，即代号为“小男孩”和“胖子”的原子弹，于 1945 年 8 月被分别投放到日本的广岛和长崎，造成几十万人直接死亡或受到放射性伤害。由此可见，若使用不当，核力量会变成恐怖的核威胁。

其实，铀也是为民造福的重要能源矿产。

如今，由铀原子核分裂所产生的原子核辐射和人工制取的放射性同位素，在钢铁工业、机械制造、地质勘查、仪器制造、农业、医学、食品工业和高科技研究等方面都得到了广泛的应用。

核电是一种清洁能源，铀矿是主要的核电原料。截至 2023 年 3 月 31 日，我国运行核电机组共 55 台（未统计台湾数据）。

2023 年 3 月 25 日，中国广核集团广西防城港核电站 3 号机组正式具备商业运行条件。该站首台机组于 2014 年建成并投入商业运行。中国广核集团防城港核电项目规划建设 6 台百万千瓦级核电机组，全面建成后预计每年可提供清洁电能 480 亿千瓦时，与同等规模的燃煤电站相比，每年可减少标准煤消耗 1439 万吨，减少二氧化碳排放量约 3974 万吨，相当于 10.8 万公顷森林所产生的效果。

李四光的预言

1949 年，中华人民共和国成立。面对西方国家的重重经济封锁，面临着西方国家的核威胁，百废待兴的中国，发展的突破口在哪？路在“核”方！核威胁还需核突破！

原子弹的主角是铀，铀矿成为中国当时急需的关键矿产资源。

1950 年 4 月，世界著名地质学家、地质力学创立者李四光，无视国外的种种诱惑，克服重重困难回到祖国怀抱，投身中国的地质事业。李四光从英国带回了一台 γ 射线仪。这台仪器可以探测到深埋于地下的铀矿射线，并对铀矿进行准确定位。

李四光曾于 1943 年参加了中国发现的第一个铀矿——广西黄羌坪铀矿的调查工作。作为中华人民共和国第一任地质部部长，李四光又担起寻找更多铀矿的重任，指导中国找铀队伍进行铀矿资源的普查和勘探。

通过地质力学理论推演，李四光乐观地相信，中国有易于开采和储量丰富的铀矿，足以支撑中国制造核武器的需要。他画出了探查铀矿的大致区域范围，并预测广西、江西、湖南等区域都有发现具有经济价值的铀矿的可能，由此发现了一系列有开采价值的铀矿床。

李四光根据铀矿与钨矿、锡矿共生在花岗伟晶岩脉中这一规律，分析广西山字型构造体系的成矿条件，再次组织人员对当年在广西富钟县首次发现铀矿的花山岩体进行调查。1954 年 10 月，由地质、物探、测量等专业的 20 多人组成的花山工作队，在黄羌坪发现了附着在蛋白石、方解石表面的钙铀云母等铀矿物，不久又找到了云英岩化锡矿脉局部富集的铀矿。苏联专家拉祖特金等也到现场考察，并采集铀矿标本。

中国和苏联于 1950 年 2 月签订《中苏友好同盟互助条约》，但其中有关原子能工业技术的谈判却迟迟未定，直至 1954 年苏联专家拉祖特金在广西采集到铀矿标本，认定广西已发现铀矿的事实后，谈判才得以顺利进行。

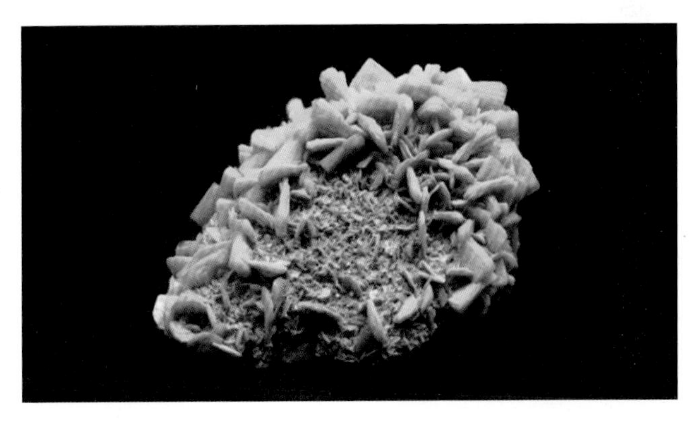

钙铀云母矿晶石

“开业之石”

1955 年 1 月 15 日，在中共中央书记处扩大会议上，根据周恩来总理的安排，李四光、刘杰、钱三强分别进行了汇报。会上，在黄羌坪采集的一块灰黄相间的铀矿石标本被拿出来，向毛泽东等中央领导同志展示。

当听到用于测量放射性的盖革计数器靠近该矿石后发出“嘎嘎”的响声时，与会领导同志都十分兴奋和欣喜。

最终，本次会议作出建立和发展中国原子能事业的战略决策。

1964 年 10 月 16 日，随着一声巨响，一朵巨型蘑菇云腾空而起，一怒冲天，其顶天立地之势让人瞠目结舌！方圆数百里金光迸发。火球冲天，惊天一爆，我国第一颗原子弹爆炸试验成功！这标志着我国掌握了核武器技术，打破了西方国家的核垄断、核讹诈。中国真正挺起了脊梁。

这块让当时的党中央领导机构下定决心的灰黄相间的广西铀矿石，如今作为镇馆之宝，被完好地保存在核工业北京地质研究院。它见证了中国核工业的起步与发展，是中国核工业的“开业之石”。

我国第一块铀矿石标本——“开业之石”（藏于核工业北京地质研究院）

生物化石燃料：超能的生命余热

古老生物的生命余热

煤、石煤燃烧的火焰亮堂堂，让人觉得它们怀有许多故事。

好奇的你也许想搞明白它们为什么能够燃烧，毕竟那看起来就是一些“石头”。

其实，煤、石煤是可以燃烧的岩石，是固体有机可燃矿产，可燃成分主要是碳、氢、氧、硫等，其中碳、氢、氧含量占 95% 以上。

石煤是一种高灰高硫、低发热量的可燃有机岩，它的“前身”是海生菌藻类等生物。石煤又称“石炭”“银炭”“石板煤”“煤岩”等，主要赋存于泥盆纪以前（约 4 亿年前）的古老地层中。广西的石煤资源较为丰富，主要分布于桂北及桂东地区的寒武系中，储量居全国第三位。

煤

煤是地球上蕴藏量最丰富、分布地域最广的生物化石燃料，分为褐煤、烟煤、无烟煤。煤的“前身”，是3亿年前远古森林中的高等植物。将煤、石煤切片放在显微镜下，可以看到远古植物的细胞结构。

无烟煤

古老生物死亡后，大自然会将生命的余热变成能源。石油和天然气由此而来。

石油是一种可燃有机物质，由各种烃类组成，有黑色、暗绿色等多种颜色，呈黏稠液态或半固态。石油的形成分为有机说和无机说。在业界，有机说被广为接受。大多数地质学家认为石油是古代海洋或湖泊生物遗骸被沉积埋藏后，经过漫长的压缩和加热逐渐形成的。广西百色盆地是我国长江以南陆上少有的几个油区之一，也是广西唯一一个实现了工业化开采的构造盆地（沉积盆地）。此外，广西南部的北部湾海域涠西南凹陷区块已钻探井200多口，发现近10个油田、4个含气构造区。近年来，该区块的油气资源勘探不断取得重大突破。

石油原油

“气体石油”天然气是蕴藏于地层中的天然烃类和非烃类气体的混合物，其形成过程与石油基本相同。页岩气则是藏在泥页岩及其夹层的非常规天然气。桂中地区具有较好的页岩气成藏条件和资源前景。广西柳州市鹿寨县东塘 1 井是广西第一口页岩气发现井。

工业的血液和粮食

煤被誉为“工业的粮食”，是 18 世纪以来人类使用的主要能源之一。除了充当燃料，煤还是冶金、化工、医药等领域的重要原料。如黑色的碳纤维，虽只有头发十分之一的粗细，却比传统金属材料更轻、更结实、更

煤矿

耐用，可织成布，也是鱼竿、网球拍、自行车架、精密仪器等喜用的材料，就连制造火箭、飞机、汽车和人造卫星等也会使用。石煤经过简单浮选后，去掉大部分灰分，可作无烟煤用，部分甚至可用于制造煤气和农业肥料。石煤主要为民用，多用作燃料、建筑材料，还可用于提取钒、钼等稀有金属。

石油被誉为“工业的血液”，是动力燃料和各类化工产品的原料。由原油炼制的汽油、煤油、柴油、重油及液化石油气等是当前世界的主要能源，被广泛用作飞机、汽车、舰船、内燃机车和发电机等动力机械的燃料。另外，从石油中提炼出的有机合成原料和产品超过5000种，包括塑料、合成纤维、合成橡胶、化肥、洗衣粉、酒精、润滑油等。炼油剩余物中的石油焦可做电极、沥青，是重要的建筑材料。

天然气、页岩气主要用作民用和工业用的动力燃料、化工原料，主要用于居民燃气、城市供热、发电、汽车燃料及化工生产等领域。

“百年煤都”的蜕变

相对于形成矿产资源需上万年甚至亿万年的漫长时光，矿山开采的时间显得尤为短暂，一些矿山的开采期仅百余年甚至只有二三十年。可以说，矿山总会有枯竭的时候。

合山煤矿始建于清光绪三十一年（1905年），曾是广西最大的煤炭生产基地，也是西南地区重要的煤炭生产基地。广西第一家煤矿生产企业、第一座坑口电厂、第一条窄轨铁路，都见证了合山煤矿为广西经济建设做出的突出贡献。

100 多年的开采导致合山煤炭资源枯竭。2009 年 3 月，经国务院批准，合山市被列为全国第二批资源枯竭城市。现在的合山煤矿原址已建为矿山公园。

在广西合山国家矿山公园博物馆里，可见合山煤系等矿产地质遗迹，来宾假提罗菊石等古生物化石，以及大量合山煤矿遗留下的矿业活动痕迹，包括以“合山第一矿井”为代表的巷、硐遗址和井巷系统、斜井提升系统等。

“百年煤都”蜕变成新兴煤矿工业旅游城市。昔日的拉煤火车如今已成为一道风景线，一座座废弃的矿井正被改造成采煤体验区。人们游于其中，能够了解矿山的开采历史，有助于增强节约资源、珍惜资源的意识。

煤矿开采

合山国家矿山公园博物
HE SHAN NATIONAL MINE PARK MUSEUM

合山国家矿山公园博物馆

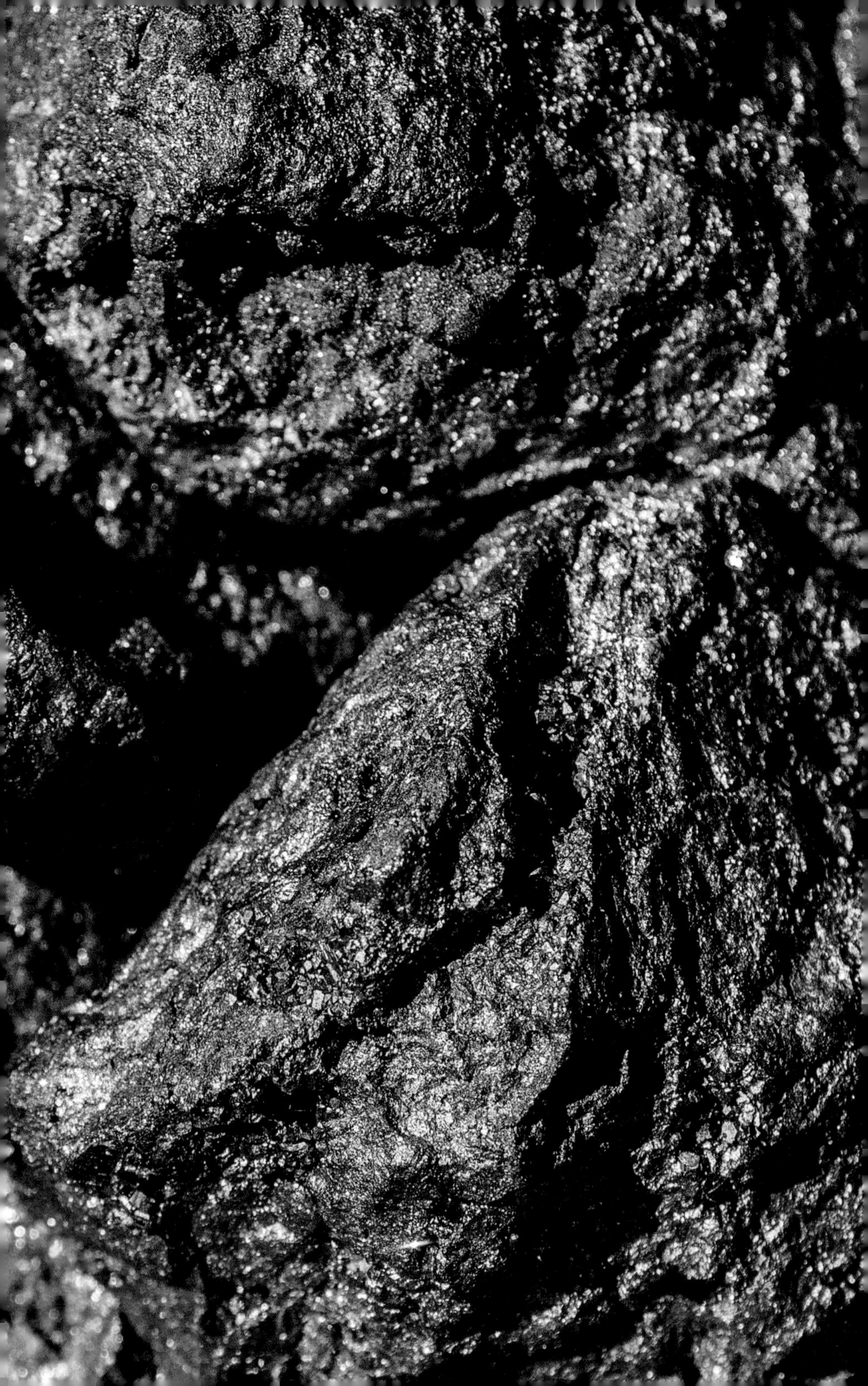

黑色金属矿产：钢铁进行曲的多彩旋律

黑色金属的钢铁五兄弟长得可不黑，铁、锰、铬、钛、钒是银白色或者银灰色的，而它们的化合物则是色彩缤纷的。

它们被冠以“黑”名，说来还要怪铁这位领军大哥。因为铁很容易生锈，而铁锈皮由黑色的四氧化三铁与棕褐色的三氧化二铁组成，看上去黑乎乎的，所以连带着钢铁工业主要原料的5种金属都被贴上“黑”的标签。钢铁工业也因此被称为“黑色冶金工业”。

钢铁支撑起现代工业文明。黑色金属矿产由可提取铁、锰、铬、钛、钒的矿石组成，它们以多彩的旋律合奏出钢铁进行曲。

铁：钢铁工业支柱

来自星星的“礼物”

1516 年 6 月 7 日，八桂大地收到了一份来自星星的“礼物”——铁陨石降落在广西南丹县仁广镇一带。这份“礼物”给被誉为“中国锡都”“世界铟都”“有色金属博物馆”“矿物学家天堂”的矿城南丹锦上添花。

南丹铁陨石形成于 45 亿年前，携带着一个已经破碎的小行星内核的信息。黄褐色的陨石表面有一层光滑的熔壳，是微米至毫米级别的玻璃质层；熔壳上的“气

南丹铁陨石，重 3.5 吨，是现存南丹铁陨石中最大的一块（藏于桂林理工大学地质博物馆）

印”很像在面团上按出的手指印，那是陨石撞穿空气时不断激起的风对陨石的挤压痕迹。

铁是金属界的“元老”，是人类最早认识的矿产之一。地球上自然生成的纯铁很少，绝大部分的铁都蕴藏在铁化合物矿石中。冶炼铁的难度较冶炼铜、锡高，这使得青铜器先于铁器来到世界上。

铁陨石几乎是纯铁，只含极少量镍，让人类认识到纯铁这种优质材料的魅力。1978 年，北京平谷县刘河村发掘的一座商代墓曾出土了一件古代铁刃铜钺，经鉴定，该器的铁刃便是由陨铁锻制成的。将铁刃锻接在铜兵器上可以使其更加锋利、坚硬。铁和青铜在性质上的差别，激励人们迎难而上，探索掌握冶炼铁的技术，从而迎来

昭平铁陨石“银牛”

田林铁陨石（藏于广西壮族自治区自然资源档案博物馆）

铁器时代。

根据考古发现，广西在西汉时期已进入铁器时代。隋唐和五代十国时期，贺州八步朝岗、程岗等地的褐铁矿开采、冶炼已形成较大规模。

桂林市平乐县银山岭战国墓出土的铁刮刀

钢铁厂的冶炼炉是个小宇宙，经高温高压熔融的矿石浆液在炉中翻转、结晶……冶炼的过程，再现了元素、地质作用、热液三大造矿“金手指”的巧夺天工，简单还原了金属矿形成的环境和过程。

炼钢炉见证了工业提速发展的蓬勃景象。

纯铁富有延展性，但机械强度不高，通过添加碳可加强铁的强度和硬度。将锰、铬、钛、钒等黑色金属兄弟加入熔融的铁液中，锰钢、铬钢、钛钢、钒钢等更强更硬的钢铁就这样炼成了。

从鸟巢到暖宝宝

铁在现代生产生活中应用广泛，不仅用于制造各种机械零部件、硬质合金材料，还用于制作药品、农药、热氢发生器、凝胶推进剂、燃烧活性剂、催化剂、水清洁吸附剂等。

2008 年北京奥运会主体育场——鸟巢的钢架外形结构，便是由一种叫 Q460 的国产高强度钢搭建的，中国对这个钢具有知识产权。

近年来，虽然有其他金属材料、非金属材料和高分子材料进入市场与钢铁材料竞争，但因性价比更高、易于回收，钢铁制品仍是世界上最主要的结构材料和产量最大的功能材料。

2008 年北京奥运会主体育场——鸟巢

身为现代人，谁还没有用过钢铁制品呢！小到家里的铁锅、铁勺、菜刀、针、剪刀等，大到铁轨、建筑钢筋，都离不开铁。

铁的表面很容易生锈，如果不进行干预，黑色与棕褐色的锈皮会越来越厚，铁就有变成废材的危险。铁栏杆等可通过在表面刷铝粉进行保护，但若想进一步解决易生锈的问题，还需要依靠合金的力量。不锈钢的化学成分中主要增加了铬、镍、锰等合金元素，铬和锰可以提高合金的耐腐蚀性，镍主要用来保证不锈钢的微结构和力学性能稳定。

许多金属都会生锈，那是一种氧化反应。银白色的铅，锈是暗灰色薄层；银白色的锌，锈是灰色的；赤色

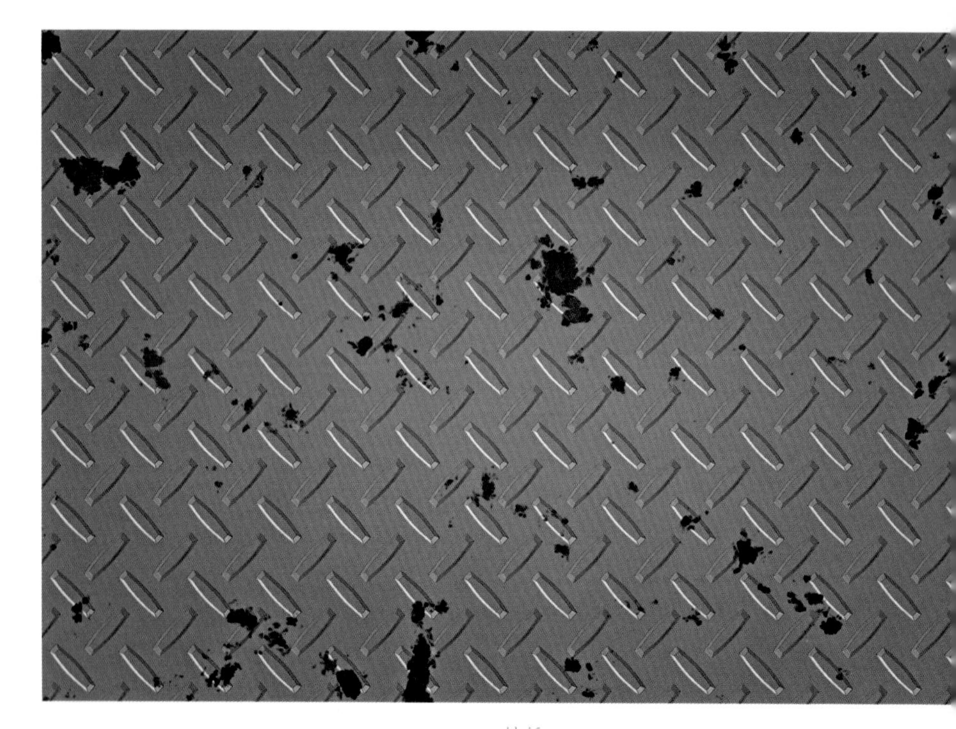

铁锈

的铜，锈是绿色的；银白色的铝，锈是白色的。

撕开暖宝宝贴片的外包装纸，空气钻进透气的内包装袋与包裹物亲密接触，暖宝宝就开始发热，给我们带来温暖。暖宝宝的主要成分是铁粉。铁生锈会放热，暖宝宝利用的就是这个原理。铁粉氧化本来是一个较漫长的过程，只不过暖宝宝里有活性炭，能增加铁粉与空气的接触，加速了铁粉的氧化，使铁粉在短时间内集中产生并散发热量。生锈的铁粉才是暖宝宝最温暖的部分。

暖宝宝告诉我们，不必谈“锈”色变，只要利用得好，生锈也可以变成矿物的一个优势，从而为人类造福。

从广西走向世界的地球物理学家

步入大规模工业时代，人们对铁矿的需求量更大，找矿的压力也随之增加。

你知道吗？国际知名战略科学家、著名地球物理学家黄大年，青年时期曾在广西寻找过铁矿。人工找矿的艰难辛苦，他都亲身经历过。

1975 年，黄大年刚 17 岁，才加入广西第六地质队不久。正值青春年少的他，在广西罗屋矿区参加了“找矿大会战”。作为一名物探飞行员，黄大年时常驾机采集数据，他额头那道伤疤，就是因一次飞行事故留下的。同时，作为一名磁场勘测队员，黄大年每天要扛着磁秤仪跋山涉水，完成 120 个测点的作业任务。不论山峰多高耸，河流多弯曲，测点都必须成一条直线。在这样的艰苦条件下，年轻的黄大年和同事们花了一年时间，通

黄大年

过空地勘测结合，记录了不同地点的磁力变化。凭借这些数据推断铁矿的位置和规模，他们终于发现了一座中型铁矿。

年轻时，黄大年曾许下为祖国找更多矿的誓言。中年后，已是国际知名战略科学家的黄大年毅然归国，领头研究高精度探测传感器、无人机探测系统、万米超深科学钻探装备以及大型地学软件系统等前沿探测技术装备，并推动我国快速移动平台探测技术装备研发。黄大年最终实现了他青少年时科技报国的理想！

赤铁矿与左江花山岩画

广西铁矿资源主要集中在桂北、桂东北、桂西北、桂西南和桂东南地区，在桂中、桂西和桂南地区只有少量分布。截至2021年底，广西铁矿保有资源量6.45亿吨，铁矿保有储量0.64亿吨。

广西没有大型铁矿床，但地表堆积褐铁矿和硫化物矿床氧化带铁帽点多且分散，易采易炼。目前，柳州市鹿寨县屯秋铁矿是广西规模最大的铁矿山。广西区内含铁矿物主要有磁铁矿、赤铁矿、褐铁矿、针铁矿、菱铁矿等。纯净的铁是白色或者银白色的金属，铁矿石则因种类不同而颜色各异。赤铁矿石呈紫红色或钢灰色，绿泥石铁矿石呈绿色，黄铁矿石呈黄铜色。黄铁矿在地表条件下易风化为褐铁矿。

赤铁矿是铁的氧化物，常发育在火成岩里。赤铁矿是自然界分布极广的铁矿物，是主要的铁矿石矿物，颜色多样，有铁黑色、钢灰色、红褐色等，条痕即其粉末本身是樱红色的，有金属光泽，不透明。

黄铁矿晶石（藏于广西壮族自治区自然资源档案博物馆）

呈铁黑色、具有金属光泽的片状赤铁矿集合体称为“镜铁矿”。呈灰色、具有金属光泽的鳞片状赤铁矿集合体称为“云母赤铁矿”，古称“云子铁”。呈红褐色、光泽黯淡的赤铁矿集合体称为“赭石”，古称“代赭”，而“赭石”泛指赤铁矿。呈鲕状或肾状的赤铁矿称为“鲕状赤铁矿”或“肾状赤铁矿”。与黄铁矿晶体的三向等长发育不同，赤铁矿晶体是沿二向延展发育的，主要是菱面体或呈板状。二向延展型矿晶花朵状集合体较多，赤铁矿成簇组合成玫瑰花的形状，红而艳，又被称为“铁玫瑰”，呈现出铁矿石最英姿飒爽的模样。

赤铁矿之美，还体现在它用作红色颜料时。

氧化铁是第二大彩色无机颜料，有红色、铁黄色、铁黑色和铁棕色 4 种。

在铁矿石较丰富的桂西南地区，左江岩画与铁颜料有着天然的缘分。

目前已发现的左江岩画一共有 83 个地点 183 处 287 组，绘制了一幅幅骆越民族人物、动物、器物的图像。左江岩画是用什么颜料画上去的，为什么它会历经几千年而不褪色？据考证，左江岩画的颜料主要是赤铁矿粉，并与动物胶、植物性黏合剂结合而成。

铁，是铸造工业文明之骨架，也以其特殊方式见证已远去的文明，留下独特的民族文化遗产。

左江花山岩画

左江花山岩画

锰：“铁”哥们好战友

配角与主角

金属锰容易被金属界“元老”——铁的光芒遮掩，看起来有些不起眼。

从不锈钢保温水杯到高铁的钢轨，从军事用品钢盔、坦克钢甲、穿甲弹弹头等，到工程上的钢磨、滚珠轴承、推土机与掘土机的铲斗等经常受磨的构件，人们往往会认为这些钢材是以铁原料为主，锰只是钢铁材料中无足轻重的配角。

几千年来，锰本身似乎也习惯并甘于配角的地位。

从石器时代至 19 世纪初期，人们主要将锰矿物当作颜料。锰矿石晶体的粉、红、白、紫，在洞穴壁画、在陶器制品上被展现得淋漓尽致，呈给世界缤纷的色彩。有种矿物颜料叫“锰白”，指的就是碳酸锰粉。

长期以来，在人们眼里，锰只是用来美化画面的小角色，甚至是没有大名的路人甲。

18 世纪，瑞典科学家甘恩从软锰矿粉中提纯出一块未曾见过的金属块，并将它命名为“锰”，锰才上了金属“族谱”，但人们依然没有将锰矿当作一种重要资源，直到 19 世纪初期才有所改变。

锰

1816 年，研究者发现在炼铁时往铁液中添加一点点锰，铁竟然变得更硬，且延展性和韧性仍能很好地保持着。1860 年，英国冶金学家贝塞麦在钻研一种新式制钢工艺时遇到一个大问题：钢液因残留过多的氧气和硫造成脆钢。后来贝塞麦接受另一位研究者的建议，将镜铁（含有少量锰的锰铁）加入钢液，脆钢问题竟被奇迹般地解决了。原来，这和锰与氧、硫有很强的“亲和力”有关。炼铁和炼钢过程中，锰可作为脱氧剂、脱硫剂和调节剂，又可作为合金金属，提高钢材的强度、硬度、耐磨性、韧性和可淬性。我们所说的钢，最初指的就是锰铁合金钢——锰钢。

以贝塞麦命名的制钢法的诞生，是早期工业革命从“铁时代”向“钢时代”演变的标志，在这个冶金发展史上具划时代意义的事件中，锰成了主角之一。

无锰不成钢

锰本身如同坚硬的鸡蛋壳，具有坚而脆的特点，不能单独将它当作结构材料使用。神奇的是，一旦锰与其他金属制成合金，便可取长补短，优势互补，摇身变为坚强的钢铁战队里的好战友。

锰与铜、铝、镁等金属也能生成许多具有工业价值的合金，如黄铜、青铜、白铜、铝锰合金、镁锰合金等。锰可以提高这些合金的强度、耐磨性和耐腐蚀性。如在镁中加入 1.3% ～ 1.5% 的锰，所形成的镁锰合金具有更好的耐蚀性和耐温性，被广泛应用于航空工业中。

锰钢很有趣。如果在钢中加入 2.5% ～ 3.5% 的锰，所制成的低锰钢脆得简直像玻璃一样，一敲就碎。然而，如果加入 13% 以上的锰制成高锰钢，则变得既坚硬又富有韧性，同时还耐磨。

锰钢是较理想的结构材料，非常结实，而且比别的钢材用料省。例如，上海的文化广场，其观众厅屋顶的网架结构就是使用几千根锰钢钢管焊接而成的。这个宽 76 米、长 138 米的扇形大厅中间没有一根柱子，平均每平方米的屋顶只用 45 千克锰钢。

如今，锰的应用范围不断扩大，从新能源电动车的电池到计算机磁盘，从农业所需的肥料到医院常用的消毒剂，锰的应用几乎涉及人类生产生活的方方面面。

全世界每年生产的锰中，约有 10% 用于有色冶金、化工、电子、电池、环境保护及农牧业等领域，约有 90% 用于钢铁工业。

从制作炼铁和炼钢过程中的脱氧剂、脱硫剂等，到炼制锰钢作为主要的结构材料，锰已成为钢铁工业的基本原料，是黑色金属里的“铁”哥们好战友，因此有了“无锰不成钢”的说法。

出自广西的“中国皇帝”“中国皇后”“皇太子”

锰矿资源广泛分布于陆地和海洋中。全世界已知的锰矿物有 150 种，具有经济价值的主要包括软锰矿、硬锰矿、水锰矿、褐锰矿、黑锰矿和菱锰矿等。我国的锰矿主要分布在广西、云南和湖南等省（自治区）。

硬锰矿石

截至 2021 年底，广西锰矿保有资源量 4.43 亿吨，排名全国第二；锰矿保有储量 1.3 亿吨。广西较典型的锰矿为氧化矿物类的软锰矿、硬锰矿，以及碳酸盐矿物类的菱锰矿、锰方解石等。

大家从锰在历史上长期被当作矿物颜料这点上，可以了解到活泼的锰有许多化合物，它们是多姿多彩的。锰矿物之所以会呈现出不同的颜色，一是因为化合价不同，二是因为一些成分不同，含量比例不一。含二价锰的菱锰矿呈粉红色、深红色，含四价锰的软锰矿呈黑色。紫水晶是含有铁锰的水晶，呈紫色。

锰方解石和菱锰矿石都是锰的碳酸盐矿物。锰方解石含锰量较低，呈淡粉红色。如果以紫外光照射，锰方解石便会发出粉红色荧光，因此常被用来制作装饰品。

锰方解石（藏于广西壮族自治区自然资源档案博物馆）

菱锰矿的锰含量高于锰方解石，晶体属三方晶系，单晶体呈菱面片状，通常为粒状、块状或肾状，具有玻璃光泽，呈淡玫瑰色或淡紫色，氧化后表面会变成黑褐色，硬度低，容易刮伤，不适合用来制作首饰。

菱锰矿石

2009 年，在梧州市苍梧县六堡镇梧桐铅锌矿发现 3 块颜色艳丽的菱锰矿晶石，属于稀有的观赏矿晶石，分别被称为“中国皇帝”“中国皇后”“皇太子”。其中，“中国皇后”曾在中国 – 东盟矿物珠宝展上展出，长、宽、高分别为 40 厘米、22 厘米、36 厘米，矿物晶体交错堆叠，恰似一朵绽放的红玫瑰。

颜色艳丽的菱锰矿晶石“皇太子”（藏于广西壮族自治区自然资源档案博物馆）

被当成铁矿石上报的锰矿石标本

广西下雷锰矿发现的第一块锰矿石标本，是被群众当成铁矿石上报的。

位于中越边境的广西崇左市大新县是以壮族为主体的少数民族聚居县份。大新县有一条流淌了千百年的黑水河，因两岸石山峭壁、古树葱茏、水面墨黑而得名。在黑水河流经下雷镇的河床和河岸，随处可见一种黑乎乎的石头，在此生活的村民对此习以为常。

1958 年 7 月，逐埂大队（今大新县下雷镇逐更村）党支部书记赵承祥在去县城开会的路上，将一块黑色石头挖出捡起，端详。他心中一动，这粗砺的黑色石块会不会是铁矿？于是他带领群众挖出一些黑乎乎的石头，并向相关部门报告。

下雷锰矿石

下雷锰矿

下雷锰矿开采面

一块块粗砺的黑色石块被送到县里，经南宁专署地质局和大新地质队派人实地检查，发现其为锰矿石。

经过多年的艰苦勘探测定，最终确认赵承祥他们挖出“黑乎乎”的石头的地方，竟是一个世界罕见的特大型锰矿床！大新县已探明的氧化锰、碳酸锰储量为 1.356 亿吨，占全国总储量的四分之一，居世界第五位。大新下雷锰矿床为全国最大的锰矿。

下雷镇，大新县域版图的西北方向状似凤冠的凸出部，因为锰而受到中国乃至全球工业界瞩目。下雷锰矿的氧化锰矿石具有良好的放电性能，平均连续放电时间为 650 分钟，间歇放电时间为 967 分钟。下雷锰矿成为广西最主要的天然放电锰矿产地。锌锰电池至今仍是各类电池中使用最广，产值、产量最大的一种。

下雷锰矿开采区一角

钛：可上九天可下五洋

跨越星辰大海

“可上九天揽月，可下五洋捉鳖”，用来形容以希腊神话中天地之子泰坦神命名的金属钛，是最合适不过的了。钛金属“踏足”之处，既有大海，也有星辰。

当中国载人潜水器“蛟龙”号将钛制五星红旗插到海底时，当中国登月飞船上的钛制天线收集传送月球资料信息时，中国人都会感到无比自豪。钛制五星红旗在海底呈飘扬状态；钛制天线能记忆原形状，在高温和超低温状态下遭遇变形时能很快恢复原状。它们都属高端钛合金制品。

钛有“太空金属”“海洋金属”“未来的钢铁”等美誉，它耐高温、耐低温、耐腐蚀，还有一个十分突出的特点——比强度高。

比强度是指材料的强度与其密度之比。那比强度高是什么意思？就是说钛密度小而硬度大，较轻却能坚硬抗压。

钛的密度约为 4.5 克 / 厘米 ^{3}，比钢轻，只比轻金属镁和铝稍重一点，但机械强度却比铝大 2 倍，和锰钢

“蛟龙”号模型

相差不多，又像铜一样经得起锤击和拉延。

更妙的是，液态钛几乎能溶解所有的金属，因此可以和很多金属形成合金。

在太空环境中，航天器的钛制“外衣”既能防高温，又不惧超低温。钛可在 450 ～ 500 ℃的温度下长期“工作”。而在超低温世界，钛会变得更坚硬，并具有超导体的性能。火星车、载人飞船、中国空间站等，都需要使用钛合金部件。

金属原料寿命越长，制造和运营潜水器的相对成本就越低。在海水中，钛合金制品至少 5 年不会被腐蚀。钛已被广泛应用于核潜艇、深潜器、原子能破冰船、扫雷艇等的制造中，并大量运用于海水淡化、舰船制造、海洋热能开发和海底资源开采等领域。

曾创造下潜 7062 米奇迹的“蛟龙”号，其耐压壳材料就是钛合金。钛合金轻且抗压，可以使潜水器的下潜深度比不锈钢潜水器增加 80%，不仅能为潜水器减轻负荷，还能提高潜水器的水下航行速度，增加航程。还有重要的一点：钛无磁性，具有很好的反侦查作用，可使潜水器避免被水雷搜索攻击。

钛飞机坚实又轻便！一架大型钛客机可比同样重的普通客机多载 140 人，飞行速度也比一般的铝合金客机提高 50 千米 / 时。一架波音 747 客机用钛量达 3640 千克以上。钛合金在军用飞机中的用量约达到飞机结构质量的 20%。

进入百姓人家

除了制造征服星辰大海的高端产品，钛资源还走入了百姓人家。

1795 年，一块匈牙利的红色矿石，让德国化学家克拉普罗特发现了钛元素。但直到 1910 年，美国化学家亨特才第一次制得纯度达 99.9% 的金属钛，且总共不到 1 克。从发现钛元素到制得金属钛，前后经历了 115 年。

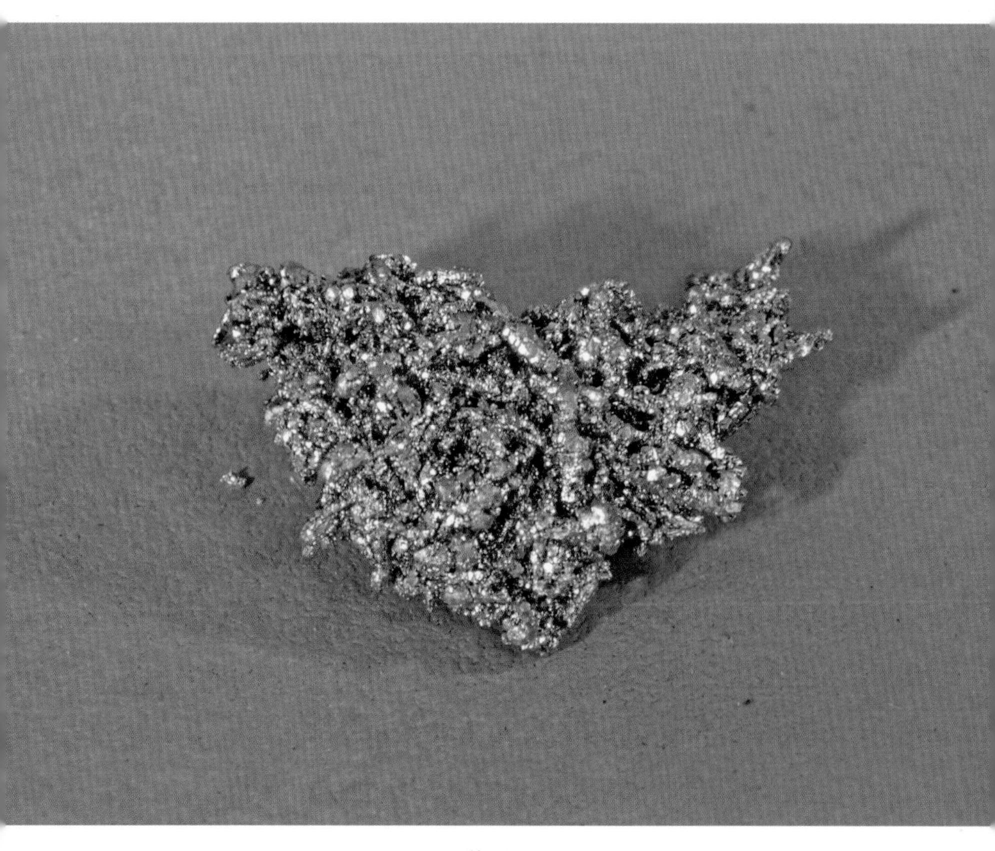

钛

如今，钛在日常生活中的应用非常广泛，可谓无处不在。从轻巧又不生锈的钛制炊具，到眼镜架、高尔夫球头、网球拍、自行车车架、轮椅等，钛制品深受大众欢迎。钛汽车也在持续快速发展，目前的赛车几乎都使用了钛材料。

钛还是非常理想的医用金属材料。采用钛及钛合金制造的股骨头、髋关节、颅骨、心瓣、假体等上百种金属件被移植到患者身体中，效果良好，医学界给予很高的评价。

只要你用过纸张、用过塑料、用过化妆品等，你就用过钛白粉制品。

钛白粉就是二氧化钛粉，是无毒的雪白粉末，被认为是世界上最白的东西，被称为白色无机颜料之王。1 克钛白粉就可以把面积约为 450 平方厘米的空间涂得雪白。

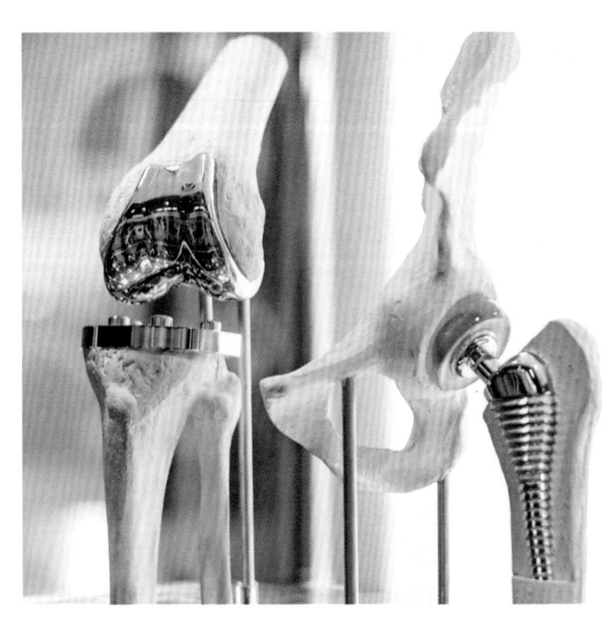

钛合金关节假体

把钛白粉加在纸里，可使纸变白且不透明。钛白粉被广泛应用于涂料、塑料、造纸、印刷油墨、化纤、橡胶等工业领域。

钛微肥是具有生态意义的植物肥料。科学家发现，钛微肥能促进植物良好生长，使作物增产并提高果实品质，在提高植物对土壤中其他肥料的吸收利用率的同时，还能保护土壤结构不被破坏。

广西钛铁矿——勘探技术发展的见证者

钛在地壳中约占总质量的 0.45%，随便从地下抓起一把泥土，其中都可能含有钛。全球储量超过 1000 万吨的钛矿并不罕见。

锐钛矿

钛矿石

钛铁矿砂矿

我国钛资源十分丰富，储量居世界首位，以钛铁矿为主，还有钛铁矿砂矿、金红石等。

钛铁矿外观颜色和条痕色为铁黑色或钢灰色，含赤铁矿包裹体时呈褐色或褐红色，具有半金属至金属光泽。

钛铁矿往往在碱性岩中富集，常作为副矿物产于花岗伟晶岩中，与微斜长石、白云母、石英、磁铁矿等共生；也可形成冲积砂矿，与磁铁矿、金红石、锆石、独居石等共生。

金红石含有大量二氧化钛，是生产钛金属的典型钛矿石。金红石是制造耐火陶瓷的原料，还可用于制作颜料。金红石为四方晶系，晶体通常呈四方柱状或针状，颜色主要有暗红色、褐红色、黄色、橘黄色，若含铁量较高，则呈黑色。条痕呈浅棕色至浅黄色，透射光下部分标本可观察到深红色，具半金属至金属光泽，主要在变质系的石英脉和晶岩脉中形成。

广西的钛矿资源丰富。截至 2021 年底，广西的钛铁矿砂矿储量排名全国第三，钛铁矿储量排名全国第七，金红石储量排名全国第九。

金红石

广西的钛铁矿矿床类型主要有中酸性岩体风化壳残坡积型、滨海冲积型、洪积型砂矿床。广西钛铁矿是在 20 世纪 50 年代后期被发现的，其勘查经历了勘探技术进步的不同阶段，即从 20 世纪 50 年代通过布设筒口锹、浅井进行浅层探矿，到六七十年代开展地面磁异常检查，再到之后运用地球化学测量等技术手段发现并探明了一批大中型钛铁矿。

钒：钢铁之翼

身影遍布全球的美丽女神

1830 年夏，瑞典科学家塞夫斯特姆从一块铁矿石中提炼出似铁非铁的金属。这种金属很硬，没有磁性，遇水也不会氧化，它的化合物颜色红红黄黄，很是鲜艳，以红色最多，十分漂亮。于是塞夫斯特姆就用古希腊神话中美丽女神凡娜迪丝的名字为其命名，中文名为“钒”。

这位美丽女神遍布地球。在海洋中，海胆等生物体内有它；在磁铁矿中，多种沥青矿物和煤灰中有它；在落到地球的陨石里，在太阳的光谱线中，人们也发现了钒的身影。地壳中，钒的含量并不低，平均两万个原子中就有一个钒原子，比铜、锡、锌、镍的含量都高。但由于钒的分布太分散且很难以单一体存在，主要与其他矿物形成共生矿或复合矿，因此几乎没有含量较高的钒矿床。

钒铅矿晶体

柔中带刚“铁”哥们

走近金属钒，你会发现，这位美丽女神柔中带刚、刚中带柔。

钒本身为银白色、灰白色，但其化合物色彩缤纷，有绿色、红色、黑色、黄色等，绿色的碧如翡翠，黑色的犹如浓墨。致色的原因与其离子有关，如二价钒盐常呈紫色，三价钒盐呈绿色，四价钒盐呈浅蓝色，四价钒的碱性衍生物常呈棕色或黑色，而五氧化二钒则呈红色。这些化合物可以化为颜料，为世界带来亮丽的色彩。

在陶瓷制品上，含钒变色材料具有提高涂膜的耐光性、防腐性等特殊能力。把钒盐加入玻璃中，不仅能让玻璃绚丽多彩，还能让玻璃具有吸收紫外线、热射线的能力。把钒盐搅入墨水中，就能书绘七彩世界。

然而，如果你以为美丽的女神仅仅是“颜值担当”，那你就低估钒了。钒的熔点很高，耐腐蚀性也很强，可

钒

耐水、盐酸、稀硫酸、碱溶液及海水的腐蚀，这使得钒可以在光学、医药等领域大展身手，成为现代工业、国防等领域科技发展不可或缺的材料。

作为黑色金属的一员，钒更有着刚性的一面。

钒也是一个“铁”哥们。钒和铁一样，都是银白色的金属；和锰一样，世界上消耗的钒约 90％用于钢铁工业。

钒被誉为“金属维生素”，可令钢铁如虎添翼。只需在钢中加入少许的钒，其分量如同炒菜时加少许味精，就能使钢的弹性、强度大增，具备极强的抗磨损和抗爆裂性，既耐高温又抗极寒。在弹簧钢中加入钒，可使其质量得到改善，钢的弹性极限也得到提高。与钛为伴，钒的改良作用使钛合金具有更好的延展性和可塑性。

钒钢制的穿甲弹，能够射穿 40 厘米厚的钢板。钒钢很轻，却很坚固。在第一次世界大战中，钒用于制作便携式炮弹和防弹衣。

钒钢可用于制造极坚硬的工具，如车轴、装甲板、汽车齿轮、弹簧、刀具、活塞杆和曲轴等。在航天工业中，钛铝钒合金被用于飞机发动机、宇航船舱骨架、导弹、蒸汽轮机叶片、火箭发动机壳等的制造。

全钒液流电池响应速度快，可瞬间充电，具有功率大、容量大、效率高的特点，既漂亮又实用。它安全性高，成本低，寿命又长，是太阳能、风能发电装置配套储能设备、电动汽车供电、应急电源系统、电站储能调峰、再生能源并网发电、城市电网储能、远程供电等领域的优先选择。

“美丽女神”——钒，是钢铁之翼。

伴随铀矿普查勘查而发现

世界上已探明的钒储量，有 98% 产于钒钛磁铁矿。除钒钛磁铁矿外，部分钒资源还赋存于磷块岩矿、含铀砂岩、铝土矿、含碳质的原油、煤、油页岩及沥青砂中。

中国的钒矿资源比较丰富，主要分布在四川攀枝花市和河北承德市，大多数是以石煤的形式存在。钒矿也是广西的优势矿产之一。截至 2021 年底，广西钒矿保有资源量 283.05 万吨，钒矿保有储量 100.55 万吨，储量在全国排名第七。

广西河池市罗城仫佬族自治县怀群钒矿是我国较早发现的钒矿。1967 年起，广西第七地质队开展铀矿普查工作，对雨甲、大板两地段实行放射性异常地表揭露。1970 年，光谱分析发现该地钒储量较高，于是在做铀矿评价的同时，也对钒矿做出评价。通过钻探及部分坑

铀钒矿

道揭露，初步探明该地铀矿储量低，遂进行以钒矿为主的勘查工作。随后查出 22 个矿体，探明五氧化二钒储量 17430 吨，其中工业储量 6042 吨 ，由此发现了广西第一个独立钒矿床。矿区内，矿石为炭质页岩和硅质岩，钒矿体主要在绢云母中。

南宁市上林县大丰钒矿也是广西第七地质队在勘探铀矿时发现的。1979 年 6 月，该队地质和物探技术人员选定在大丰铀矿点进行踏勘，在对钻孔岩芯做取样分析时，发现钒的干扰信号，进而做钒矿分析，发现钒含量达到工业要求，物探队光谱全分析也肯定了钒矿的存在。大丰钒矿含矿地层岩性为黑色炭质泥岩夹含炭硅质岩。钒矿体为炭质泥岩或石煤层。大丰钒矿区探明五氧化二钒储量 153.03 万吨，其中工业储量 23.99 万吨，石煤储量 27056 万吨。该矿区的发现使广西一跃成为全国钒矿大省（区）之一。

大丰钒矿氧化矿露头

有色金属矿产：多彩的八桂宝藏

狭义的有色金属又称非铁金属，是铁、锰、铬、钒、钛以外的所有金属的统称。广义的有色金属还包括有色合金，可分为重金属（如铜、铅、锌、锡等），轻金属（如铝、镁、钠、钙等），贵金属（如金、银、铂等），半金属（如硅、硒、碲等）以及三稀金属。

有色金属不仅是重要的生产资料和战略物资，还是人类生活中不可缺少的消费资料。

广西素有“有色金属之乡”的美称，是全国10个重点有色金属产区之一。广西的有色金属矿产除镁外，其他12个矿种均已查明有资源储量。广西有7种有色金属资源保有储量位居全国前十位，其中位居全国前五的优势矿产有锑、锡、铋、铝、铅、锌等。以锡矿为主的多种有色金属主要集中分布在河池市南丹县的大厂矿区，占广西总储量的70.02%。铝土矿主要集中在那坡—平果成矿分区，占广西总储量的76.9%以上。

铝：从黏土起飞的“翼金属”

广西铝材“飞天遁地”

广西首府南宁市有多条地铁。南宁市地铁 1 号线是全国 5 个少数民族自治区的第一条地铁，拥有 25 列地铁列车，车体采用的是广西出产的精密加工铝材。

在广西有色金属矿产中，铝土矿是最晚发现的矿种之一，其发现带有一定的偶然性，甚至有些戏剧性。

1956 年 6 月，在来宾县（今来宾市）廖平农场群

平果铝土矿石

众报矿点，地质技术员盯着群众报来的“磷矿石”观察，发现矿石外表与黏土块相似，甚至还有点湿黏土的臭味，再仔细一看，矿石里有具玻璃光泽的晶体粒，有一定透明度，解理面具珍珠光泽，颜色有黄色、褐色、白色，在偏光镜下观察则是无色的。这不就是典型的铝土矿吗？经实地查勘，确认该矿石属浅海沉积一水硬铝石型铝土矿，产出于上二叠统合山组底部地层中的铝土矿层，具鲕状、豆状结构。这一发现，填补了该矿种在广西的空白。

铝土矿是炼铝的主要原料，氧化铝含量高达50% ～ 70%，由含长石类岩石经过长期风化和地质作用生成。铝土矿亦称“铝矾土”，看上去如同暗淡粗糙的土块，提炼出来的铝却如同白银般闪亮。铝土矿的主要矿物成分有三水铝石、一水软铝石和一水硬铝石。当氧化铝混有极微量的铬、铁、钛等，就会形成有色矾土。

一水硬铝石

平果铝土矿石

矾土常因含有氧化铁而呈黄色至红色，故又称“铁矾土”。

1958年，百色市平果县（今平果市）的铁铝岩层也曾被误作沉积型铁矿进行勘查，后经取样化验，证实为铝土矿。经进一步勘查，大型的桂西铝土矿被发现，广西一跃成为铝矿资源大省（区）。截至2022年，广西铝土矿矿石储量26347.88万吨，位居全国第四。

广西的铝材精密加工正在往智能制造方向转型升级，如汽车、船舶、高铁、飞机等零部件的加工。如今，广西铝材“飞天遁地”，在制造地铁、国产大飞机C919、国产大推力新型运载火箭、国际知名电动汽车等方面大显身手。

从贵重王冠进入百姓人家

说来你也许不敢相信，铝曾比黄金和白银还珍贵！

铝是从黏土中发现的，但由于黏土成分复杂，从中提取铝的技术难度很大，大约在150年之前，制取铝一直是非常困难的事情。

19世纪中期，铝的产量十分有限，在西方贵族眼里，铝比黄金和白银还要珍贵。法国皇帝拿破仑三世曾给自己制造了一顶铝王冠。他戴上铝王冠向众人炫耀，并接受子民的朝拜，以显示自己的尊贵和富有。

花岗岩、长石、云母、高岭土、黏土等含铝的化合物广泛存在于沙滩、泥土和岩石中。几千年来，人们从这些硅铝酸盐石和风化岩土中取材，用于建造房子、烧制陶瓷器具，却极少关注到这些矿石原料里藏着金属铝。

千百年来令人着迷的红宝石和蓝宝石，其实是铝矿物晶体——刚玉。

铝矿物晶石——红宝石

刚玉的硬度仅次于金刚石，主要成分是无水氧化铝。在没有金刚钻的情况下，如有刚玉钻，照样可以“揽下瓷器活”。除了用来制作贵重饰品，刚玉还主要用于制造高级研磨材料，以及用于制造手表、天平、电流计等精密机械的支撑轴承的“钻”材料。

虽然刚玉的氧化铝含量高，但因刚玉本身量少价高，并不适用于工业制取纯铝。因此几千年来，人们很难拥有纯铝，以致难以领略到铝金属的妙用。

直到 1886 年，电解法制铝研究获得成功。随着水电技术的配套成熟，金属铝进入工业化大规模生产阶段。轻巧而便宜的铝材，因其优异的性能，经短短一百多年的发展便被广泛使用。银白色的金属铝成了人类的新朋友。

现在，铝是较便宜的金属，老百姓都用得起。

认真数数，我们日常使用的铝制品还真不少：易拉罐、铝合金窗框、糖果的内层包装铝箔……一些食品添加剂中也含有金属铝，像明矾、膨松剂、发酵剂等，在油条、馒头、麻花、粉丝及一些膨化食品（如薯片）中使用。

烧烤用的锡纸，其实是铝箔。铝的延展性很好，既可抽丝，又可压片。铝价降低后，铝箔取代了锡纸出现在日常生活中。家用铝箔厚度为 0.015 ～ 0.02 毫米。如果仅单独制作一张，很难将它碾压得如此薄，因此铝箔被碾压到某一程度后就需要将两张重叠起来再继续碾压。于是两张铝箔的相对面就成了哑光面，被碾压的面就变为光面。

在空气中，铝的表面也会生锈。铝锈皮不同于松脆

铝锭

的铁锈皮，氧化铝锈皮是铝制品的保护膜，致密而有弹性，可隔绝空气对内层金属的进一步腐蚀。这是铝的一种自卫能力。利用这一能力，人们想方设法地将铝氧化层加厚，使铝更加结实，从而进一步用来制造医疗器械、化学反应器、冷冻装置、石油精炼装置、石油和天然气管道等。具有银白色光泽的银粉、银漆涂料，其实就是铝粉。将铝粉涂在裸露的铁制品表面，可保护铁，避免生锈。

纯铝较软，密度较低。在体积相同的情况下，铝的质量仅为铁的三分之一。但若在纯铝中加入一定量的铜、镁、锰等金属，形成的铝合金强度几乎可媲美钢材，且不易被锈蚀。现代家庭中的炊具、门窗边框等，大都使用铝和铝合金制造。铝还具有吸音性能，音响效果也较好，广播室、大型建筑室内的天花板等一般采用铝材建造。

铝合金更被广泛应用于设备仪器的制造，以及飞机、汽车、火车、船舶等运载工具的制造。在航天工业中，宇宙火箭、航天飞机、人造卫星等大量使用铝及铝合金。铝是主要的结构材料，有“翼金属”的称号。我国第一颗人造卫星“东方红一号”的外壳全部用铝及铝合金制成。美国的宇宙飞船“阿波罗 11 号”所用的金属材料中，铝及铝合金占 75% 左右。

铝合金还是便宜且轻巧的低温材料。在低温环境下，铝合金的强度和韧性有所提高，可应用于冷藏库、冷冻库、南极雪上车辆、氧化氢的生产装置。

仅仅用了一百多年的时间，铝便不再是高高在上的“王冠”，铝制品既飞上了太空，也进入了寻常百姓家。铝真是奇妙的金属！

“广西平果铝要搞！”

20 世纪 50 年代，广西就确定了铝矿资源大省（区）的地位。但是，对广西铝土矿进行金属铝提炼的大规模开发，直到 20 世纪 80 年代才取得显著进展。

平果市位于广西百色市。百色市是壮族聚居地，因百色起义名扬中国。矿业开发对推动红色革命老区、少数民族贫困山区的经济发展有着重要作用。

1986 年 9 月 13 日上午，邓小平同志在听取广西平果铝等项目准备的情况汇报，了解建设平果铝矿厂缺乏资金后，立刻拍板：“广西平果铝要搞！”

1991 年 5 月，平果铝一期工程开工建设。平果铝用了近 10 年的时间进行技术创新，其多项生产技术已达到国际先进水平，实现了中国铝工业由技术输入到输出的历史性跨越。目前，平果铝带动了一批深加工企业，具有“平铝”标志的铝合金门窗、建筑型材等，已成为全国知名的高品质铝材。广西成为名副其实的铝工业大省（区），在亚洲乃至世界均占有一席之地。

随着铝业的发展，平果市的红色旅游、体育经济也随之发展，平果市因此从矿业基地成长为一个综合城市。“铝都”平果铸立了一尊铝制邓小平塑像，以寄托平果人民对邓小平同志等老一辈无产阶级革命家的崇敬和怀念。

从黏土中起飞的铝金属，推动了广西老少边穷地区的经济和文化发展，以矿业优势助推乡村振兴。

平果铝土矿

铜：青铜时代的王者

青铜时代的王者

经历过辉煌的青铜时代，铜算得上是矿物界一位曾经的王者。

铜是紫红色的有色金属。铜与锡、铅等金属的合金铸造的青铜器，见证了历史的发展。

铜

“青铜”只是现代人的叫法，来源于古代铜合金铸造的钟鼎礼乐之器、艺术品及武器等物件在出土时长满了从深绿色到艳绿色的斑驳铜锈。

百色市锅盖岭出土的青铜兵器

汉代以前的文献多称青铜为“金”，称精纯的青铜为“吉金”。古代青铜器的原色接近 18K 金的颜色。试想后母戊鼎、四羊方尊、毛公鼎、曾侯乙编钟等大国重器曾经金光闪闪，彰显出怎样的一种王者气派！

铜锈层的主要成分是碱式碳酸铜，俗称“铜绿”。如果铜绿变厚，就容易看出它其实就是孔雀石。薄薄一层斑驳的铜绿中，孔雀石特有的丝绢光泽或玻璃光泽若隐若现，为古代青铜器增添了历史的神秘感。

蓝铜矿石（藏于广西壮族自治区自然资源档案博物馆）

孔雀石是原生铜矿的重要找矿标志物，如果在地面上发现这样的绿色，意味着你脚下的土地藏着铜矿。孔雀石常用于制作颜料，被称为“石绿”“石青”，是铜矿物为世界添加的一种色彩。此外，孔雀石还是一种玉料，常用于制作挂件饰品，颜色非常亮丽。

硅孔雀石

孔雀石

从青铜合金到更多元铜合金

从青铜时代一路走来，矿物利用已进入多元化时代。卸下王者的光环，铜依然是一种与人类关系非常密切的金属。在我国有色金属材料的消费中，铜的地位仅次于铝。

铜的沸点是2560℃，具备很好的延展性，其导电性、导热性仅次于银。

纯铜可用于制造超高频电子管，还可用于制造电线、电缆、电机设备。但将铜材料切割至纳米级别的大小时，它在磁场中便失去了导电性。

青铜仍在发挥着它的优势。锡铜合金可用于制造精密轴承、高压轴承、船舶上抗海水腐蚀的机械零件，以及各种板材、管材、棒材等；磷青铜（含磷的锡铜合金）

铜制电线

可用于制造弹簧。

更多元的铜合金，被广泛地应用于电力、电子、能源及石化、机械及冶金、交通、轻工，以及一些新兴产业等领域。如铜锌合金（黄铜）是制造精密仪器、船舶零件、枪炮弹壳的主要材料；铜镍合金（白铜）在舰艇、发电设备冷凝器、热变换器、硬币、电器、仪表和装饰品的制造、制作中大显身手。

文明的使者

目前，在地壳中已发现铜矿物和含铜矿物约280种。常见的铜矿物有16种，包括自然铜、孔雀石、黄铜矿、辉铜矿、黝铜矿等。现今，广西已探明百色市德保县钦甲铜锡矿、南宁市武鸣区两江铜矿及河池市南丹县大厂锡多金属矿田等多处中型铜矿矿床，还有20多处小型铜矿矿床或矿点。

在桂林市恭城瑶族自治县嘉会金堆桥春秋墓、平乐县银山岭战国墓，以及南宁市武鸣区的元龙坡春秋墓和安等秧战国墓群，发掘出土了靴形铜钺、铜矛、铜斧、铜镦、铜镞、铜针等铜器，以及制造这些铜器的石范，可见广西在春秋时代就已就地开采、利用铜、锡矿了。

《桂海虞衡志》对右江的铜矿有以下描述：“铜，邕州右江州峒所出，掘地数尺，即有矿。”

唐初，因北流县（今玉林市北流市）铜石岭开采铜矿，便把这里的行政区改为“铜州”，说明铜矿在当时已相当重要。

钦甲铜锡矿

宋人乐史在《太平寰宇记》一书中说到，南越王赵佗曾在铜山“铸铜”。铜石岭不仅是采矿冶铜遗址，也是铜鼓的铸造遗址。在北流市铜石岭发现5个古矿井，还发现残冶炼炉、废铜矿渣，表明其是汉代采铜、炼铜遗址。有研究者据北流市当地民间化铜土法测算，将今论古，推断铜石岭当时年产铜3.2吨，年需孔雀石约7吨。

如今，铜石岭的铜矿资源早已枯竭，这些铜矿井已被泥土填塞。铜石岭也没了往日开采、冶炼、铸造时热火朝天的景象。

广西出土的青铜器，大都是精致的工艺品，如青铜麒麟尊、“江鱼”铭铜戈、羽纹铜凤灯、圆首双箍铜剑、羽人划船纹铜鼓及战国铜牛等，图案和造型具有明显的地方特色。但在广西历史上铸造的铜器中最突出的还属铜鼓。

贺州市龙中岩洞葬出土的铜兽首盉

贺州市龙中岩洞葬出土的铜牲尊

北海市合浦县望牛岭一号墓出土的铜凤灯

广西是铜鼓之乡。据史料记载及出土文物佐证，早在春秋战国时期广西就开始铸造铜鼓。目前，广西馆藏传世铜鼓 770 多面。广西铜鼓以铜锡合金为主要原料。含锡量约 10% 的青铜，硬度为红铜（纯铜）的 5 ～ 6 倍，这使得其所制铜鼓鼓声穿透力更强，更为凝重浑厚。

贵港罗泊湾一号汉墓出土的羽人划船纹铜鼓

玉林市北流市是广西古代铜鼓分布最密集的地区之一。在北流市陆续出土并加以收藏的铜鼓有 50 多面。这里的铜鼓都是大型和特大型的，直径 165 厘米的“铜鼓之王”就出自北流市石窝镇平田村。

铜鼓声声，传音四方。铜这位世界的文明使者，丰富了广西多元的民族文化。

锡：友好合金“贺锡”

广西古代矿产名牌

你知道吗，广西有一座城市的名字竟然是锡的别名。这座城市就是贺州。

明崇祯十年（1637 年），宋应星所著《天工开物》初次刊行。书中记载：“凡锡，中国偏出西南郡邑，东北寡生。古书名锡为‘贺’者，以临贺郡产锡最盛而得名也。”

贺州市产锡的历史，可追溯到汉代。汉唐以来，贺州是优质锡矿的产地，也是桂东北一带锡产品集散地，打造了“贺锡”品牌。宋代，贺州每年贡于朝廷的锡超过 6300 千克。

凭借青铜时代的锡铜合金制品青铜器，锡在人类文明史上功勋显赫。锡是冶炼青铜的重要组分，在广西具有悠久的开采冶炼历史。1971 年，桂林市恭城瑶族自治县秧家村金堆桥出土了春秋战国时期的三穿弧援铜戈；1980 年，贵县（今贵港市）风流岭出土了西汉时期的大铜马；等等。广西出土的这些含锡青铜合金制品，含锡量约为 10%，硬度为红铜（纯铜）的 5 ～ 6 倍，是纯锡的 20 ～ 25 倍，性能良好。

截至 2021 年底，广西锡矿保有资源量 52.19 吨，排名全国第五，保有锡矿储量 18 吨。

怕冷的锡引发的悲剧

作为“五金”（金、银、铜、铁、锡）之一，锡是一种有银白色金属光泽的低熔点金属。纯锡质地柔软，常温下延展性好，化学性质稳定，不易被氧化，能保持银闪闪的光泽度。但纯锡既惧冷又怕热，这对金属材料来说，无疑是弱点。

锡石

随温度变化，锡有 3 种同位素异形体：α– 锡，或称“灰锡”（等轴晶系）；β– 锡，或称“白锡”（正方晶系）；γ– 锡，或称“脆锡”（斜方晶系）。

当温度降到 13.2 ℃以下时，怕冷的锡会开启自毁模式，白锡朝粉末状灰锡缓慢变化。一旦温度在 –40 ℃以下，这种自毁进程会冲刺般加快，银白闪亮的白锡块迅速变成煤灰粉状的灰锡，好像得了时疫一般，人们因此将这种现象称为“锡疫”。

温度在 161 ℃以上时，锡会变脆；温度约达 232 ℃时，锡就马上熔化。令人惊叹的是，熔化了的锡遇冷又能迅速结晶重生，但晶体结构会发生变化。

1912 年 1 月，40 岁的英国鱼雷专家斯科特带南极探险队抵达南极点。有资料显示，1912 年的南极洲气温长期在 −40 ℃以下。归程中，探险队员全部在饥寒交迫中死去。斯科特留下的考察日记里提到，探险队所带的汽油桶里的燃料已经漏光了。人们调查锡焊的汽油铁桶，发现的确有很多漏洞。这是怕冷的锡惹的祸。

从青铜合金到“罐头金属”

锡金属是一种友好的合金伙伴。两种或多种金属熔合在一起形成合金，其内部的分子结构会发生改变，使得合金的硬度和强度等性能优于原料金属。青铜器早已证明，合金会产生奇迹。青铜时代虽然被铁器时代取代，但青铜合金并未失去价值。

含锡青铜制造的耐磨零件和耐腐蚀设备，广泛应用于船舶、化工、建筑、货币等领域；铌锡合金等，常用于原子能工业、航空工业、超导材料及宇宙飞船制造等尖端技术领域；锡黄铜合金，多用于制造船舶零件和焊接条等，素有“海军黄铜”之称。

在现代，锡与其他金属的合金制品，更是工业发展的中坚力量。

锡基轴承合金和铅基轴承合金统称为巴氏合金，含锑 3% ～ 15%、铜 3% ～ 10%。合金的强度和硬度高，摩擦系数小，具有良好的韧性、导热性和耐蚀性，主要用于制造滑动轴承。

以锡铅合金为主的铅锡焊料，完全不用担心会有“锡疫”发生，可用于电器仪表工业中元件的焊接，以及汽车散热器、热交换器、食品和饮料容器的密封等。

锡还易于镀在许多金属表面。

制造罐头用的马口铁片即镀锡铁皮。锡的化学性质很稳定，与食品接触也不会产生有害物质，可以抵抗氧气、水和有机酸的腐蚀，适用于包装罐头。目前世界上每年生产的锡，有近一半用于生产马口铁片。锡当之无愧地赢得了“罐头金属”的称号。

马口铁罐

地质学家的矿物学天堂

广西大厂锡多金属矿床，是世界级多金属超大型锡矿床，现已探明矿床保有储量超过云南个旧锡矿，跃居全国第一。

广西大厂锡多金属矿石

《天工开物》提到，广西河池市南丹县在唐代就已开采丹砂和银、锡、铅、锌等矿。明代地理学家、旅行家徐霞客在游记中对南丹县车河镇八步村的描述为“锡贾担夫三百余人，占室已满，无可托足”“溯溪南土山北麓行，西向升陟共十里，有茅数楹在南山之半，曰灰罗厂，皆出锡之所也”，反映出当时南丹县锡矿的开采盛况。

锡常与多种矿物聚集在一起，形成共生和伴生矿床。目前世界上已发现锡矿物和含锡矿物 50 多种，其中具有工业价值的主要是锡石，其次为黄锡矿。95% 的锡金

锌黄锡矿（藏于广西壮族自治区自然资源档案博物馆）

锡石

属是从锡石中提炼出的。

锡石含锡量约为78.8%，属四方晶系的氧化物矿物，晶体呈双锥状、锥柱状，有金刚至亚金刚光泽，断口有油脂光泽，不透明至透明，含杂质时呈黄棕色至棕黄色，条痕为白色至浅褐色，主要在花岗岩或围岩的热液矿脉中产生，也常分布在伟晶岩和花岗岩中，常与石英、电气石、萤石、磷灰石等共生。

在广西大厂锡多金属矿床，锡、锌、铅、锑、铜等矿种构成独立矿体，有9个矿物共生组合，包括锡石－石英组、锡石－方解石组等，矿物达80种以上，其中具有经济价值的矿物有10多种，并伴生有金、银、铋、铟、镉、镓、钴、钪、硒、砷、硫等10多种可综合开发利用的矿产或元素，组成规模巨大的锡石多金属硫化物矿床。大厂锡多金属矿的成矿条件复杂，从高温热液型到低温热液型均有。

1984年，全球60多个国家的地质专家亲临大厂锡多金属矿考察。他们惊叹道："这是中国名副其实的锡都，这是地质学家的矿物学天堂！"

大厂锡多金属矿选炼车间

铅：潮流中沉浮的毒玫瑰

有毒的玫瑰

人体中的含铅量应该为零。铅若进入人体，会严重危害健康。

这个常识现代人明白，但古罗马人不知道。

古罗马人喜欢铅，他们把铅用于制作管道、棺材、锅和器皿中。古罗马曾经流行一种甜味剂，名为“萨帕”，是用铅锅熬制的葡萄汁。在熬制过程中，铅离子渗入果汁并与葡萄中的醋酸纤维结合产生醋酸铅。在古罗马有记载的 450 道菜谱中，有 100 道菜添加了“萨帕”。

贵族妇女还喜欢将“萨帕”调成饮料喝。在那时，送“萨帕”给女士，她会像收到玫瑰一样开心。

女性常吃“萨帕”，可使肤色变白，只不过那是一种苍白，是铅中毒初期的贫血症状，属于一种来自身体的求救信号。长期低剂量食用“萨帕”，还会影响造血、泌尿、神经三大系统，使脑血管变得脆弱，从而引发脑水肿。

古罗马帝国让人们记住：“萨帕”是有毒的玫瑰。

抗腐蚀抗放射性穿透

铅的延性弱，展性、抗腐蚀性、抗放射性强。人类利用铅已经有几千年的历史。

铅

铅分布广、易提取、熔点低且易加工。古罗马人曾大量使用铅制造水管、做水渠防渗涂层、制造餐具容器等。我国商代墓葬中，也发现了加入铅的青铜器及铅制的酒器。到了中世纪，在铅的富产地美国，铅板开始用于制造教堂及房屋的屋顶。

在欧洲，从古希腊、古罗马时代起直到 16 世纪，人们将铅条夹在木棍里制成铅笔写字。后来虽然人们用石墨替代铅，但“铅笔”一词沿用至今。

现代，对铅的开采利用超过了历史上任何一个时期。

由于铅能够很好地阻挡 X 射线及其他放射性射线，因此被应用于医院以帮助相关工作人员阻挡射线侵害。铅板、铅管及其他铅合金材料均可以应用于船舶制造中，用于抵挡海水侵蚀。铅被普遍制成轴承合金、焊料合金、磨具合金，应用于机械制造中。铅糖、铅釉、铅玻璃、染发剂和化妆品里也有铅。

铅属于人体三大重金属毒素（铅、汞、镉）和污染物之一。20 世纪 80 年代开始，铅的应用骤然下降，现在的燃料和水管中一般都不含铅。

现代人将铅和铅的化合物及其合金广泛应用于蓄电池、电缆护套、机械制造、船舶制造、轻工、射线防护等领域。

目前，蓄电池是铅的重要利用方向。铅制蓄电池主要应用于汽车、摩托车、飞机、坦克、铁路交通等方面，其负极和正极原材料分别是金属铅和二氧化铅。

广西古代的美白化妆品牌

铅粉又叫“铅华”“铅白”，是碱式碳酸铅与锡、铝、锌等金属的混合物，为细而滑腻的白色粉末，在历史上曾是许多女性喜爱的化妆品。

在欧洲，从古埃及、古罗马到工业革命时代，铅粉都是女士们最爱的粉底。在亚洲，将脸涂得比墙还白的日本艺伎，用的就是铅粉。

在中国古代，铅粉又叫“官粉”“粉锡”。宋代，产于广西的铅粉因色白细腻、无杂质而大受欢迎，人们将其称为“桂粉”。桂粉声名远播，南宋范成大在《桂海虞衡志》中介绍了“桂粉”的制作方法：“桂林所作最有名，谓之桂粉。以黑铅著糟瓮罨化之。”

长期使用铅粉的女性，卸妆时会发现肤色变白，人的气质也显得柔弱，倒也迎合当时的审美，这就使得铅粉在历史上的较长时期内风靡全世界。

铅能阻挡 X 射线及其他放射性射线，却挡不住迷失在潮流中的人类对自己的主动伤害。

广西喀斯特岩层中的绿色精灵

目前已知的铅矿物有 144 种，我国发现的铅和含铅矿物有 40 多种，具有工业价值的铅矿石有方铅矿、白铅矿、赤铅矿、黄铅矿、磷氯铅矿等。在自然界，铅矿物常与锌矿物密切共生。在 7000 多年前人类就已经认识铅了。而在商代甚至更早，中国人就能从铅矿石中熔炼出较纯净的铅。

方铅矿晶体常呈立方体。方铅矿如同由一个个方块积木接叠而成，古称“草节铅”，其主要成分是硫化铅。

赤铅矿晶体

方铅矿石

方铅矿是提取铅的重要矿物。方铅矿石具有金属光泽，条痕颜色即本色是灰黑色的，有如人们印象中铅金属的灰黑色。

其实，铅是一种略带蓝色的银白色金属，灰黑色是铅表面的氧化铅锈层的颜色。

和其他有色金属一样，铅化物、铅矿物也有多彩的一面。

以绿色为主的磷氯铅矿石，可作为地质找铅矿床的标志。如果在野外看到绿得像芹菜梗的磷氯铅矿晶石，意味着铅矿可能就藏在你的脚下。

磷氯铅矿有着丰富的色彩，除了绿色，还有黄色、褐色、橙色、灰色、白色等多种颜色。磷氯铅矿的颜色主要是铁离子造成的。

奇妙的是，无论外表呈现什么颜色，磷氯铅矿的条痕本色都是白色并略带黄色的。固定的本色，使磷氯铅矿作为矿物颜料在历史文化中留痕。我国四大石窟之一的甘肃麦积山石窟，迄今已有 1600 多年历史，其拥有大量泥塑、石雕、壁画等，被誉为“东方雕塑馆”。石窟中使用的大量矿物颜料，便包括以磷氯铅矿为原料的白色颜料。而在出土的嘉峪关新城魏晋 7 号墓壁画中，发现了以磷氯铅矿为原料的白色中带黄色的颜料。

磷氯铅矿石

磷氯铅矿石（藏于广西壮族自治区自然资源档案博物馆）

磷氯铅矿晶石

磷氯铅矿晶石本身具有独特的外形。它是由顶部凹陷甚至中空的六方柱状晶体聚集，呈晶簇状的矿物集合体。由于其颜色鲜艳、观赏性强，通常作为矿物标本进行收藏。

1992 年，磷氯铅矿成为第 38 届美国图桑宝石矿物委员会主题矿物，引起了广大矿晶收藏家的关注和青睐。

在我国，磷氯铅矿晶石标本几乎都产自广西，喀斯特岩层是这些透明或半透明绿色精灵的孕育地。广西铅矿资源丰富，截至 2021 年底，广西铅矿保有资源量 402.77 万吨，保有铅矿储量 111.26 万吨，排名全国第八。

汞：点石成金的“金手指”

流动似水色泽如银

汞是在常温、常压下唯一以液态形式存在的重质液体金属。温度降至 -39℃后，汞才会变成固态。在常温、常压下，汞是不透明的金属，流动似水，色泽如银，因此有个很形象的别名——水银。

沉入水中的汞

在公元前 7 世纪或更早，中国已掌握提炼水银的方法。根据《史记 · 秦始皇本纪》记载，在秦始皇的墓中就灌入了大量的水银，作为“百川江河”的象征。据历史考证，在秦始皇之前，一些诸侯如齐桓公，也在其墓中倾注水银为池。

在古代，人们认为水银具有神秘的力量。相传秦始皇渴望长生不老，一位术士献上一份水银，称其为“长生不老药”。水银像露珠一样光滑且闪闪发光，易分裂为小球，易流动且流过处不留污痕，有种说不出的神奇。秦始皇对术士的话坚信不疑，坚持每天都服用水银，最终在 49 岁因水银中毒而死。

固态和液态纯汞本身并无毒，但汞遇热容易挥发，而汞蒸气和汞的化合物多有剧毒（慢性），容易污染环境，危害人体健康。

“点石成金”不只是传说

常温下，汞的化学性质稳定，不溶于水、乙醇、盐酸，但它本身可以溶解多种金属。

有传说，汞能溶蚀黄金；也有传说，汞能“点石成金”。这听起来虽矛盾又离奇，却是有科学依据的。

汞可以溶解金、银、铅、铊等多种金属，形成汞和这些金属的合金“汞齐”。汞含量少时，“汞齐”是固体；含量多时，“汞齐”是液体。

东晋葛洪的《抱朴子》中就有汞溶解铅形成“铅汞齐”的记载。

汞溶解黄金后，会形成汞和金的合金“金汞齐”。在古代，人们利用汞这种独特的性质，从河砂等含金矿石中提取黄金。先利用汞溶解含金矿石里的金，形成“金汞齐”，再蒸馏“金汞齐”去掉汞，即可回收黄金。

因此，汞是“点石成金”的“金手指”，并不只是个传说。当然，被“点”的石头必须是含金的矿石。

在现代冶金工业中，依然用汞齐法提取金、银、铊等金属。

在现代医药领域，汞的合金和化合物用于制造补牙材料和消毒药物，由于具有消毒、利尿和镇痛作用，也可用作治疗恶疮、疥癣药物的原料。

随着科技的发展，汞及其化合物被广泛应用于化学、医药、冶金、电子仪器、军事及其他精密高新科技领域，常用于制造科学测量仪器（如气压计、温度计等）、电子电器产品、药物、催化剂、汞蒸气灯、电极、雷汞等。

但随着汞对人体健康及环境的影响日益被重视，汞在工业上的应用逐渐被其他材料所替代，汞的使用量逐渐减少。人们一直在探索汞的替代物质，并已在很多领域中找到替代品。传统温度计中的汞已被一种由镓、铟及锡所制成的合金所取代。

是毒药还是良药

鲜红色的朱砂（天然的硫化汞）被古人用作装饰品及涂料，曾被看作是延年益寿、强身健体的仙丹。

汞和它的化合物究竟是毒药还是良药？

朱砂

千百年来，人们对这个问题存疑于心，世人对汞那种又恐惧、又期待的矛盾心理显露无遗。

在过去，汞也是欧洲医生处方上的“疗愈神药”。历史上，朱砂又名“丹砂”，是古代术士炼金丹药的材料。但除了一些皮肤病，很少有汞和朱砂治愈疾病的记载。相反，因过量摄入汞及其化合物而致死的故事，无论是中国还是外国都有不少。

在欧洲，曾将汞内服以治疗精神病。甘汞(氯化亚汞)还是欧洲过去普遍使用的外用药，也有许多过量使用导致中毒的病例。汞中毒对肺和神经系统等的影响是巨大的，但在当时，医生却认为这些中毒症状只不过是治疗过程中产生的副作用。

1950年前后，在日本水俣镇发生了“水俣病”，患者出现“神魂颠倒”的怪异情况，病情严重者甚至出现无法行走、脑坏死等症状。经查，这种疾病是由被含汞废水污染的海洋生物通过食物链引起的人类汞中毒。

在中医诊疗中，水银和朱砂可适量对症入药。中医药中的朱砂安神丸、牛黄清心丸、安宫牛黄丸等著名成方中均有朱砂，都是取其镇心安神的功效。但这些药不可过量服用或持续服用，以防汞中毒；更不可火煅，这是因为见火会析出水银，产生剧毒。

中国古代医书《神农本草经》谈及，将适量水银和其他中药研末调敷患处，主治疥癣、梅毒、恶疮、痔瘘等。藏药有一味“佐塔”，是一种用水银洗炼8种金属和8种矿物岩石而成的特殊药剂，去毒去锈后再煅烧成黑色粉末，一般当作药引子，并不单独用药。

广西的宜砂和鸡血石

在自然界，汞极少以纯金属状态存在，多以化合物形式存在。自然界已知的汞矿物和含汞矿物有20多种，主要矿物为朱砂和其他与朱砂相连的矿物。

朱砂即天然的硫化汞。硫化汞可以分为两种，分别呈红色和黑色，红色的为朱砂，黑色的为黑辰砂。黑辰砂在自然界中极其稀少。

硫化汞矿石

朱砂粉呈红色，经久不褪色。根据考古发现，我国出土的商代甲骨文，其刻痕中填嵌的鲜红色涂料就是朱砂粉末。后来历朝皇帝用朱砂粉末调成的红墨水书写批文，“朱批”一词由此产生。

朱砂在中国古代还因产地而被称为“巴砂”“宜砂”“辰砂”。

“宜砂”出自广西。河池市宜州区古时是全国主要的朱砂产地。据记载，北宋元丰元年（1078 年），全国朱砂总产量为 1823 千克，宜州朱砂产量为 1693 千克。东晋葛洪在《抱朴子》中提到沟漏（今广西北流市）所产朱砂比广西都安九度一带产的好，这说明“宜砂”的发现、开发和利用早于东汉。

广西汞矿资源较丰富，截至 2021 年底，累计查明汞资源储量排名全国第十。广西汞矿产地集中分布于河池市，相对集中分布于桂林市、百色市。河池市南丹县探明的汞储量占广西汞总储量的 85.99%。此外，桂西的百色市平果市、桂南的玉林市博白县、桂东北的桂林市阳朔县及桂中的河池市都安瑶族自治县都有少量的汞产出。

广西桂林市盛产的鸡血石，是朱砂与高岭石共生的产物，属于含朱砂硅质岩玉，主色为红色，有鸡血红色、紫红色、浅红色、褐红色等，底色有全红带金黄色、纯黑色、白色等。红色鸡血石的致色矿物即朱砂。鸡血石中二氧化硅含量为 70% ～ 80%，朱砂含量为 5% ～ 8%，还含少量磁铁矿、赤铁矿，属于火山变质岩。人们常用其制作印章等工艺品。

桂林鸡血石

银：诱人的银白色

“银针试毒”准确吗

在一些人的心目中，银有一个很厉害的本领，那就是能试砒霜之毒。砒霜是古代常用毒药。银真的能试砒霜之毒吗？

在很多古典文学或古装影视作品中，常有“银针试毒”的桥段。皇帝就餐前要试毒，寻常人家也会试毒。他们有模有样地将银针或者银饰插入食物，银针变黑即表示食物有毒，不变色则表示无毒。甚至古代的法医——仵作，也常用此法来判断所验之人是否因砒霜致死。

在古代，“银针试毒”有一定的准确率，但这完全是阴差阳错、歪打正着。砒霜即三氧化二砷，本身并不会与银发生化学反应而变黑。但因提纯技术有限，古代的砒霜中会混有大量的硫或硫化物，而硫化物遇上银，会生成黑色的硫化银附着在银制品表面，白色的银制品就是这样变黑的。

在这里，要提醒各位读者，泡温泉时千万别戴纯银首饰，更不要用纯银碗喝温泉水。因为大部分温泉水中含硫或硫化物，会导致银制品变黑。

比黄金更有烟火气

银，散发出诱人的银白色光泽，俗称“白银”。

银

蛋糕或巧克力上，常能看到小小的银珠糖。它的表面银光闪闪，带有金属光泽。那是非常薄的银箔，厚度只有万分之一毫米。银珠糖是可食用的，甜味来自银箔包裹着的砂糖。

银是贵重金属。自古以来，白银和黄金一样被视作财富的象征。历史上，银本身也是货币，不少国家曾铸银币。纯银质软，和金子一样，用嘴咬一下便可以简单辨别真假。直接当货币时，银是可以用剪刀剪成分量合适的碎银以实现交付功能的。

因为银的储量比黄金大，所以银的价值比黄金低，但这也使银的应用范围比黄金更广，白银也因此比黄金更有烟火气。

除了制作首饰和器皿，银还有很多用途，如应用于电子电器、卤化银感光材料、医疗卫生事业等领域。

纯银具有很好的延展性。银的可塑性、导热性和导电性在金属中名列前茅，也具有很强的抗腐蚀性，还能

银

与多种金属组成合金。

在医药卫生领域，银金、银汞、银锡合金等为重要的牙科材料；银箔丹、镇心丸具有定志养神、安养五脏的功效；银纱布、药棉可用于治疗恶性溃疡；银线、银片是固定碎骨与修补颅骨破洞的材料；银盐具有良好的杀菌作用；银的离子及化合物对某些细菌、病毒、藻类及真菌显现出毒性，在抗生素发明之前，银的相关化合物曾在第一次世界大战时用于防止感染；硝酸银还常用来制作眼药水。

卤化银是感光材料，大量用于制作摄影胶卷、相纸、X 光胶片、荧光信息纪录片、电子显微镜照相软片和印刷胶片等。20 世纪 90 年代，全世界每年用于照相材料的银量为 6000 ～ 6500 吨。由于电子成像、数字化成像技术的发展，使卤化银感光材料的用量有所减少，但卤化银感光材料的应用在某些方面尚不可替代。

电子电器用银作为电接触材料、复合材料和焊接材料。银常用来制作灵敏度极高的物理仪器元件，如自动化装置、计算机、核装置、火箭、潜水艇及通信设备中的大量的接触点，都是用银制作的。用加了稀土元素的银制作而成的接触点，使用寿命可以延长好几倍。

共生或伴生

自然界中存在的自然银数量很少，银更多是以化合态存在，且银矿多与其他矿共生或伴生。

目前已发现含银矿物 60 多种，但有开采价值的、可用于提取白银的主要矿物仅有 12 种，包括自然银矿、银金矿、辉银矿、锑银矿、淡红银矿等。

银矿成矿的一个重要特点，就是约 80% 的银是与其他金属，特别是与铜、铅、锌等有色金属矿共生或伴生在一起，还常出现几种银矿物赋存于同一矿石之中的情况。银属铜型离子，通常喜欢潜藏在方铅矿中，其次是赋存于自然金、黝铜矿、黄铜矿、闪锌矿等矿物中，因此铅锌矿、铜矿、金矿在开采、冶炼过程中往往也能产出银。

我国绝大多数省份都有银矿。江西省银储量最多，占全国总储量的 15.5%。

我国的银矿床有接触交代型、岩浆热液型、浅成中－低温热液型、陆相火山岩型、风化型、化学沉积型、生物化学沉积型等 7 种。这些类型的银矿在广西都有。其中，浅成中－低温热液型银矿床以南宁市隆安县凤凰山银矿床为代表，岩浆热液型银矿床以玉林市博白县金山银金矿为代表，生物化学沉积型银矿床以南宁市上林县大丰钒矿为代表。

凤凰山银矿是广西最大的独立银矿山，也是全国著名的独立银矿床，氧化矿石中以独立银矿物（硫铜银矿、辉银矿和自然银）为主。

广西很早就开采利用银矿。据记载，广西在唐代便已大量开采使用银矿。

明崇祯十一年（1638 年），徐霞客到达今日的广西南丹大厂矿区。他在游记中这样记录：“银锡二厂，在南丹州东南四十里，在金村西十五里，其南去那地州亦四十里。其地厂有三：曰新州，属南丹；曰高峰，属

凤凰山银矿石

河池州；曰中坑，属那地。皆产银、锡……银锡掘井取砂，如米粒，水淘火炼而后得之。银砂三十斤可得银二钱，锡砂所得则易。”徐霞客记录下广西银矿和锡矿的开采盛况。新州、高峰等矿名沿用至今。

中华人民共和国成立后，广西银矿勘查程度得到不断提高。2000 年以来，广西新发现了一大批银矿床。截至 2021 年底，广西银矿保有资源量 1.41 万吨，保有银矿储量 0.45 万吨，储量排名全国第七。

凤凰山银矿

银光闪闪喜气洋洋

银很适合做成首饰，因为银的延展性仅次于金，1 克银粒能拉成约 2 千米长的细丝。银制首饰虽贵重，但比金子便宜多了，大众接受度高，深受女性喜爱，所以有人说银是“女子的金属”。

广西一些少数民族家庭，会为家里的女孩从头到脚打造一整套银饰。女孩在节庆时戴上银饰，全身银光闪闪，喜气洋洋。

苗族是崇尚银饰的民族。苗族女子，大多有银手镯、银耳环、银项链、银戒指，讲究的人还备有银梳、胸牌等，更别提给孩子们的银项圈、银锁、银铃铛脚环。银饰的图案造型大多来自八桂大地上常见的花、草、虫、鱼、鸟、兽等，可爱有趣，充满生活气息。

银饰是广西民族文化中闪光亮丽的部分。

苗族银饰

金：贵金属之王

稀少而珍贵

黄金又称“金”“金子”，金灿灿的，天生有着极大的魅力，许多人做梦都想找到黄金万两。

黄金自古具有货币功能，是世界硬通货之一，也是财富与地位的象征。至今，黄金储备仍是一个国家综合财力的体现。从古埃及的金权杖到中国三星堆的黄金面罩，从皇帝的宝冠到普通人的贵重首饰，黄金满足了人们在装饰上的需要。

在一些影视作品中，我们不时会看见令人心跳加速的寻宝镜头，如堆满整个山洞或屋子的金砖、金条。其实，这是艺术的夸张表现。

一是黄金已开采数量少。黄金在地壳中的分布过于分散，所以开采十分不易。据世界黄金协会的数据，截至 2019 年底，从古至今被开采出的黄金总量约为 19.75 万吨，也就只能填满约 3 个奥运会标准游泳池；且大部分黄金是在 19 世纪之后开采的。二是黄金的密度大，小体积就有大重量。1 立方米的水重 1 吨，1 立方米的黄金大约重 19.32 吨。如果出现影视作品里大量金子在小面积范围内堆高的情况，也许会发生地面灾难性下陷。

自然金（藏于广西壮族自治区自然资源档案博物馆）

即使在太空中，黄金也是较为稀少的。金元素的形成需要极其苛刻的条件，其主要途径是密度仅次于黑洞的中子星的爆发，难怪“真金不怕火炼”。而地球只是一颗行星，并没有生成金元素的自然条件。那么地球上的黄金从何而来？这得从地球形成初期说起。

最新的研究表明，金子最初是从天而降落到地球上的。45 亿年前，一批接一批黄金陨石落入地球的怀抱。起因是较近的两颗中子星相撞爆发，形成大量黄金小星体群，这些小星体群通过星际航行来到地球附近，便被地球引力吸引而来，让这个刚从混沌中聚成的球形星体如获至宝。地表高温熔浆将黄金吸纳熔化，从此地球拥有了金元素。又因为金元素较重，大部分黄金慢慢沉入地核深处。后经亿万年的地质作用，少部分黄金上浮到地幔和地壳中，形成含有黄金的矿脉。

目前，世界上已发现 98 种金矿物和含金矿物，常见的有 47 种，但可工业直接利用的仅有 20 多种。在自然界中，自然金较少。银金矿是金银的天然合金，至少含有 20% 的银，是提取金和银的重要矿物原料，主要产于中 – 低温热液型矿床中，其成因与火山作用有关。填充于破碎裂隙中的叫裂隙金，常与黄铁矿、黄铜矿、方铅矿等共生；充填于黄铁矿晶隙或颗粒间隙中的叫晶隙金。还有少量金矿物是被其他矿物或矿物结合体包裹的，勘探、开采具有一定难度。

黄铁矿常被误认为是黄金，它有着黄铜的颜色和明亮的金属光泽，是铁的二硫化物。区分黄金和黄铁矿，只需将其在白瓷板上划一下，观察条痕颜色就能分辨。黄铁矿的条痕是绿黑色的，黄金的条痕则是金色的。

从手机到航天员头盔罩黄金涂层

因具有很高的稳定性、导电性、耐热性和抗氧化性，黄金成为电子、通信、航空航天、化工、医疗等科技领域常用的金属材料。在手机、电脑、电视机等电子电器的制造中，都用上了少量的黄金。平均每部手机里有大约 50 毫克黄金。

即使是在太空，黄金的理化性质也始终稳定。大家从电视新闻中可以观察到，从神舟十三号开始，驻守中国空间站的航天员执行出舱任务时，头盔罩的面窗颜色已更换成更为耀眼的“金黄色”。金光闪闪的头盔玻璃面罩有 4 层结构，最外层由喷涂了黄金的反射层、滤光层组成。黄金涂层是由纯金打造的，具备和航天服一样的气密、隔热、防护、强反射属性。

日常的黄金饰品则不一定是用纯金打造的，也可能用的是黄金合金。人们以 K 金表示合金中金的含量，即纯度。比如，含金量为 99% 以上的是 24K 金，含金量为 90% 的是 21.6K 金，含金量为 75% 的是 18K 金，含金量为 41.7% 的是 10K 金。而低于 10K 的，就不能称之为金子了。

验证黄金的真假，有时候可以采用更加简单的方法。

我们经常看到，电视剧里的古人在拿到金制品后，在没有其他验证条件的情况下，会直接用牙咬上一口。有咬印，就可以认为它是用真金制作的，再根据牙印深浅估算纯度。这种方法有一定的道理，因为金的质地是软的。用剪刀铰还可以将金块分割为若干小块，想将分开的碎金重新合而为一也较容易。

真的假不了，假的真不了。本自天上来，是金子，在哪里都会发光的。

航天员头盔上用于向外观望的玻璃面罩最外层喷涂了黄金

寻找金子的人

我国是世界上最早开采金矿的国家之一，金矿开采历史最早可追溯到 3500 年前的商代中期。20 世纪 80 年代起，我国进入微细粒型金矿的勘查时代。

山字型构造体系是由著名地质学家、地质力学创立者李四光首先发现和命名的，这种地质构造占据广西的中部和北部地区。广西的山字型构造体系由前弧、反射弧、脊柱 3 个主要部分组成，具有对称性的内生矿床成矿规律。中华人民共和国成立前，广西山字型构造体系西翼前弧近弧顶一带的南宁市宾阳县、上林县就已发现金矿；中华人民共和国成立后，又在此带发现 1 座中型金矿、2 座小型金矿。20 世纪 80 年代，广西对这一对称带区域进行了重点勘查，发现了十几座中小型金矿床。

金矿石

截至 2021 年底，广西金矿保有资源量 468.73 吨，保有金矿储量 91.04 吨，储量排全国第 12 位。

1965 年，李正海从大学毕业后被分配到广西第二地质队。那个年代的地质队员，学习研究技术创新是工作常态，抡大锤、挑黄泥、扛机器也是工作常态。在岗 28 年，李正海把全部的青春热血献给了桂西地区矿产勘查与开发。

1982 年起，广西第二地质队原副总工程师李正海带领 200 多名地质队员投身桂西黄金勘探大会战，利用高新技术探微金。5 年时间里，他们完成钻孔 140 个，见矿 116 个。仅 1983 年，李正海的行程便达到 2800 千米，在高龙、坡岩、马蒿、金牙等地先后发现了微细粒型金矿找矿线索和金矿点，极大地推动了百色革命老区黄金产业的发展。仅 1992 年，田林高龙黄金生产就超万两（1 两为 50 克），整个地区累计生产黄金 1084.665 千克，比之前 30 年广西探明的黄金储量还要多。

金矿找到了，李正海却病倒了。1993 年，李正海赴中缅边境考察金矿地质，因疾病发作倒在深山老林中，8 名傈僳族群众将他抬送进医院。但因病情恶化，抢救无效，李正海于 1993 年 8 月 1 日凌晨 4 时去世，年仅 54 岁。

李正海被誉为“桂西找金第一人”。1994 年，中共中央宣传部、国家地质矿产部追认李正海为“无私奉献的探宝功臣”。2011 年，李正海等 60 名同志被评选为“新中国成立以来广西最具影响力的劳动模范”。

穿金鞋的壮族“灰姑娘”叶限

欧洲著名童话《灰姑娘》广为流传，而广西也有自己的“灰姑娘”。

广西的“灰姑娘”名叫叶限，是一位漂亮的壮族姑娘，但她遗失的并不是水晶鞋，而是一只用黄金丝线做成的金鞋。

叶限的故事，记录在唐代的一本小说《酉阳杂俎》里。故事发生在古时南方一个叫吴洞的地方。美国学术界有这样一则评语：“中国叶限的故事是欧洲著名的《灰姑娘》故事的基础，西方人知道这个故事，至少比中国人晚了一千年。”

经学术界专家学者研究考证，确认叶限传说的发源地吴洞位于广西崇左市江州区东部。

从叶限的故事中，我们可以了解到广西以黄金为贵重珠宝首饰的久远历史。

世界上 50% 的黄金用于珠宝行业。黄金是柔软的，在金属中延展性、可锻性最强，1 克黄金能打成 1 平方米的金箔薄片。黄金制成的金丝甚至可用于刺绣。

矿物利用影响着民族文化。制作金鞋需要的金丝必定具有一定分量，这说明在古代，广西的黄金产出量不低，能匹配金鞋制作的艺术想象力。

广西自古以来都是中国重要的金产区，金在广西各地均有分布。宋代、明代、清代，广西多地县志都有开采黄金的文字记载。

唐代著名诗人刘禹锡诗：“日照澄洲江雾开，淘金女伴满江隈。美人首饰侯王印，尽是沙中浪底来。”描述的是当时的采金情景。诗中的“澄洲”在今南宁市上林县一带。

广西各地出土的金饰品及器物年代最早的是汉代，唐代、明代、清代的最为多见。贵港市新卖牛岭八号墓出土的东汉时期腰鼓形金饰品、合浦汉墓出土的金串饰和金饼、崇左市宁明县明江镇土司墓出土的明代金凤钗，都是广西历史上金光闪闪的记录。

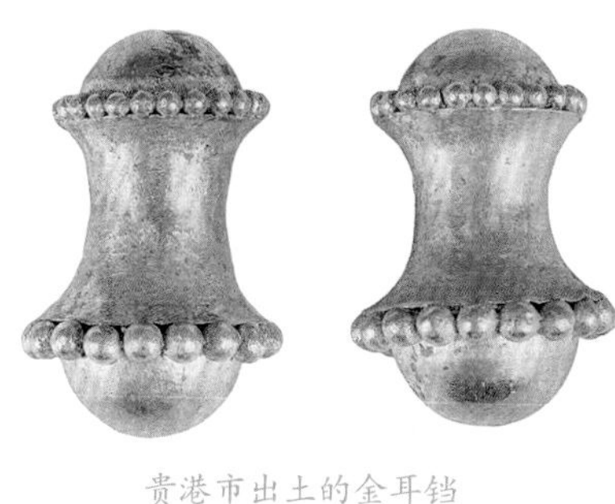

贵港市出土的金耳铛

贵港市出土的金耳坠

合浦汉墓出土的金串饰

北海市合浦县望牛岭出土的金饼

三稀金属矿产：新材料『维生素』

“三稀资源”是稀土、稀有金属和稀散元素金属矿产资源的统称，是涉及国计民生和国防安全的战略资源。

三稀金属矿产是新材料“维生素”。添加了三稀金属的高科技材料，其性能将大大提高，在原子能、航空航天、半导体、电子技术、特种钢材、超级合金以及导弹火箭、军工等领域广泛应用，成为占领科技和经济制高点的关键资源。

稀土元素包括化学元素周期表中的镧系元素（镧、铈、镨、钕、钷、钐、铕、钆、铽、镝、钬、铒、铥、镱、镥）和钪、钇，共17种。

稀有金属包括锂、铍、铌、钽、锆、铪、铷、铯8种。

稀散元素金属主要包括镓、锗、铟、镉、铊、铼、硒、碲8种。

铌和钽：助力“东方红”的稀有金属

共生的“孪生兄弟”

银白色或深灰色的铌和钽是一对“孪生兄弟”，它们在自然界中不仅常共生在同一处，还常住在同一矿物中。所有铌的矿物中都含有钽，钽的矿物中都含有铌，只是主次不同。

钽

铌矿石

目前，已发现的铌钽矿物和含铌钽矿物有130多种，其中较常见的有30多种。岩浆岩和沉积岩里都有铌和钽存在，在花岗岩中铌和钽的含量较高。

提炼铌和钽的主要矿物原料，有铌钽铁矿和易解石等。

铌钽铁矿是一种复杂的氧化物矿物，分为4个亚种，即铌铁矿、铌锰矿、钽铁矿、钽锰矿，主要产于花岗伟晶岩脉及钠长石化花岗岩、云英岩化花岗岩中。

易解石是提炼铈、钇、铀、钍、铌、钽等矿物的原料。易解石的晶体为板状、柱状、块状或束状集合体，颜色有黑褐色、红褐色、巧克力色等，透明至半透明，具有树脂光泽或金刚光泽。易解石具有强放射性，产于花岗伟晶岩、碱性伟晶岩、霞石正长岩等碱性岩，以及白云岩与花岗岩接触带中。

我国的铌矿以内蒙古白云鄂博铌钽矿、新疆阿勒泰伟晶岩铌钽矿、江西宜春铌钽矿、广西栗木铌钽矿等最为重要，它们均属于多金属共生矿床。

广西栗木铌钽矿床是大型蚀变花岗岩型铌坦矿床。栗木矿区铌钽矿床含矿岩体出现在钠长石化和黄玉化的

中细粒或中粒花岗岩里，属燕山期产物。

广西铌钽矿床（点）虽不多，但储量丰富，分布较集中。截至 2021 年底，广西铌钽矿资源保有储量居全国第九位，钽矿资源保有储量居全国第七位，铌矿资源保有储量居全国第七位。

广西栗木铌钽矿区

“东方红一号”带飞广西的铌和钽

“东方红，太阳升……”

1970 年，从太空传来的一曲《东方红》，让广西的矿业工作者望向天际，对中国崛起满怀自豪。

在 20 世纪 50 年代，广西栗木矿区出了件怪事：该矿区生产的锡钨产品突然引来不少外商争相订购。更奇怪的是，某些外商直言不讳地提出不买含锡量 99.99% 的锡锭，只想买 E 级以下的不纯产品，甚至连炉渣也想订购。

矿区的科技人员察觉出不对劲：是锡钨矿有什么特殊的作用还没有被我们研究出来，还是栗木矿区隐藏着我们未发现的重要矿种？不怪科技人员敏感，当时中国落后，总被西方国家围堵，特别是在采购国内缺乏的关键矿物材料时经常遭到打压。如果我们拥有的矿产被拿走，然后再被用来反制我国，这该有多冤枉！栗木矿区化验室的科技人员决定抓住矿床组分查定这一关键环节，着手科研攻关，对锡精矿的初选矿和炼锡炉渣进行取样分析。

1958 年，在分析样本时，技术人员龚庆祥发现仪器受干扰严重，这可能是未知矿种发出的信号，但仅用手头上的仪器无法确定。于是，栗木矿区的工作人员将从各生产坑口采集的锡钨精矿及炼锡炉渣样品送至湖南有色金属研究所进行多元素分析。1959 年 1 月 4 日，分析结果正式报出，确定该矿区锡钨精矿和炉渣中含有钽、铌元素。原来矿渣里真有硬货，难怪外商打起了炉渣的主意！

钽、铌是航天器、核潜艇等高科技设备都离不开的稀有金属材料。我国当时还未发现钽铌矿，因此这一分析结果令人备受鼓舞。

龚庆祥勤查资料，反复试验，终于在 1959 年第一次采用化学方法从炼锡炉渣中提取出约 30 克白色的钽铌混合氧化物，向中华人民共和国成立十周年献礼。

为了调查栗木矿区的钽和铌是否成矿，众多研究所、大学、勘探队纷纷派出科技人员，从北京、安徽及广西的南宁、柳州等地聚集至栗木矿区，联合进行了一场深入找钽铌矿的地质调查。20 世纪 60 年代中期，科技人员终于在栗木矿区内发现花岗岩型钽铌锡矿床，并探明中国第一个大型钽铌矿床。

1969 年，广西栗木钽铌冶炼线建成投产，第一批铌钽产品（6 千克）及时为我国制造人造地球卫星提供了重要原料，填补了国内生产钽铌产品的空白，且粉碎了国外反华势力对我国钽铌战略物资的封锁。

1970 年，第一颗人造地球卫星“东方红一号”发射成功，带着来自广西的铌和钽飞向太空。一曲《东方红》，回应了矿业工作者科技报国的拳拳之心。

电容器和热强合金

好奇的朋友可能会问，铌和钽在人造卫星上有什么用途？

人造卫星需要钽电容器，以及添加了铌和钽的热强合金。

电容器，顾名思义是“装电的容器”，应用于电路中的储能、滤波、调节等场合。电容器与电池有所区别，电容器是一种储存电量和电能的元件，而电池则是将化学能转换成电能的装置。

钽电容器能在 –55 ～ 125 ℃的宽温度范围内保持电容稳定，高效且搁置时间长，为陶瓷电容器所不及。手机、电脑、数码相机、汽车等，都需要电容器。飞机、导弹、船舶及武器系统的仪表与控制系统，也需要电容器。钽电容器广受欢迎。世界上 50% ～ 70% 的钽被制成电容器级的钽粉和钽丝。

铌和钽的热强合金是制造电子计算机记忆装置、超导合金、火箭、宇宙飞船必不可少的原材料。

铌、钽作为添加剂，可用于生产多种合金。除了热强合金，还有耐热合金、超硬合金、结构合金、磁性合金等，这些合金都可用于制造原子反应堆结构材料、防护材料，火箭和导弹的喷嘴及切削工具、钻头等。各种铌钽合金钢在铁路、桥梁、管道、机械制造及造船、汽车、飞机等领域被广泛应用。

世界上 85％～ 90％的铌以铌铁的形式用于钢铁生产。钢中只需加入 0.03％～ 0.05％的铌，便可使钢的屈服强度（抵抗微量塑性变形的能力）提高 30％以上。铌还是优质的耐酸和耐液态金属腐蚀材料。在制造业中，铌常被用于制造汽车的汽缸盖、活塞环和刹车片等；在医学上，铌常被用于制造接骨板、颅骨板骨螺钉、种植牙根、外科手术用具等；在化学工业中，铌可用于制作蒸煮器、加热器、冷却器等。

事实上，铌和钽性质很相似，都具有密度大、熔点高、沸点高、强度高、抗疲劳、抗变形、抗腐蚀、导热、超导、单极导电等优良特性。铌和钽是高端、尖端科技产业重要的原材料之一。

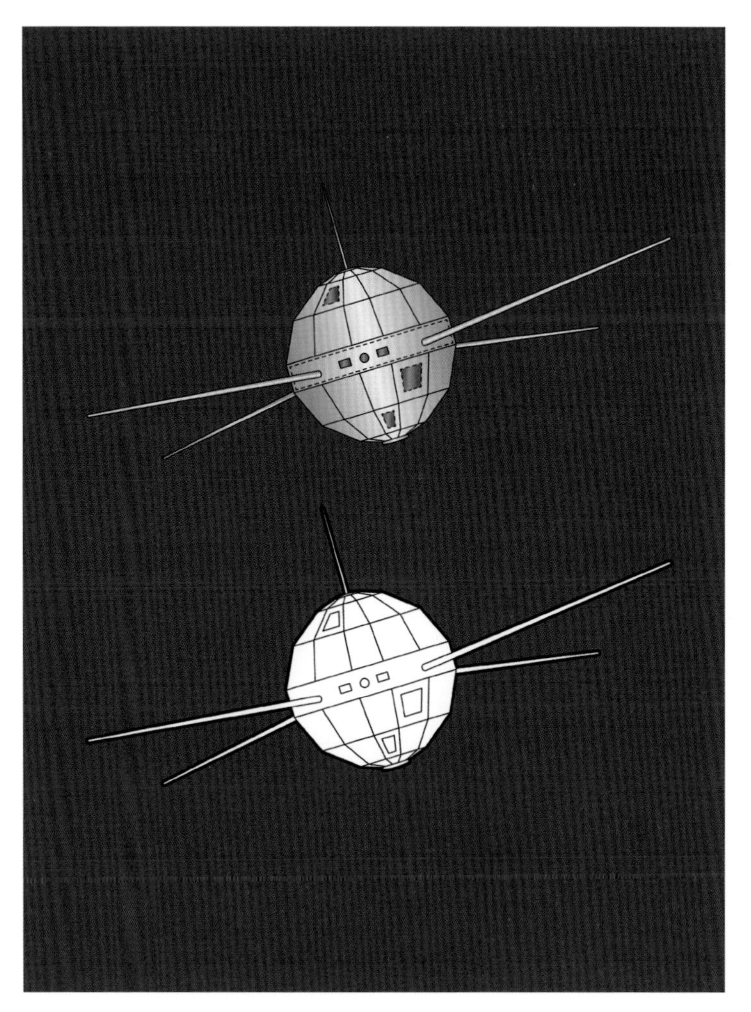

“东方红一号”卫星概念图

稀土元素 17 个孪生兄弟姐妹："工业黄金"

与化学家捉迷藏的稀土

稀土不是土！它们具有典型的金属元素属性，是化学元素周期表中镧系元素（镧、铈、镨、钕、钷、钐、铕、钆、铽、镝、钬、铒、铥、镱、镥）和钪、钇共 17 种金属元素的总称。

镧矿

稀土元素的 17 个孪生兄弟姐妹既调皮又活泼。如果不因材施用，它们可能真的只能做一堆“散土”。

稀土元素喜欢和人们捉迷藏，它冶炼提纯难度较大，氧化物又多呈土状，还经常共生在同一个矿物中。调皮的它们曾让化学家眼都花了。

稀土在 19 世纪初才被发现。1794 年，芬兰化学家加多林声称从一种黑色矿物中发现了一种新元素“钇土”，其实是把钇、镱、铒、铽等重稀土元素中的几个“孪生姐妹”当成了“同一个人”。1803 年，瑞典化学家伯采利乌斯和他的老师黑新格尔声称发现了新元素“铈土”，其实他们发现的也只是铈组稀土的混合氧化物。你看，化学家们又将几个面孔极为相似的轻稀土“孪生兄弟”误认为是“同一个人”了。

身手不凡的孪生 17 兄妹

走进稀土世界，你会发现，稀土元素具有的优异磁、光、电、声、热性能，是其他金属难以取代的。

稀土元素的原子结构、化学和晶体化学性质相近，但相互之间又有微小差别。不过，稀土元素个个都身手不凡，它们的神奇妙用提升了现代人的生活品质。

稀土类磁铁拥有超强磁力！

钐钴磁铁、钕铁硼磁铁的问世，为制造超小型马达或扩音器做出贡献，让电器变小、变轻，制成的装置更为小巧轻便。钕铁硼磁铁甚至可以吸住靠近它的纸币，这是因为现代纸币使用了磁性油墨。医疗用的磁共振成像技术，即利用了钕铁硼磁铁的强大磁场。

钆金属还是磁冷冻工业技术的主力军，利用其在磁场磁性消失时吸热的性质，能制造非常高效的小型制冷器。

稀土是“光和热之子”。

铈和铁的合金是火石，可用于制造打火机。铕是荧光灯能像太阳一样明亮的秘密。荧光灯的辉光放电管中还充有微量钷。铕和钇是制造液晶屏的红色荧光材料。钪钠灯发光效率高、光色好、节电、使用寿命长、破雾能力强，广泛用于电视摄像，以及广场、体育馆、马路的照明。

稀土元素具有储存光能的性质。钪太阳能光电池，可收集阳光并将其转变成电能。镝是夜光的光贮存材料，紧急出口等避难指示灯可离不开它。有外界光照时，镝就默默地吸收光能；当外界光源消失后，它就将储存的光能通过荧光释放出来。铒、钬、铥等能增强光能、光波，可用于制造光纤激光器、光纤放大器、光纤传感器等光通信器。光纤中添加铒可以增强光信号。将添加了铒的光纤与普通光纤相连，可使光纤的传递距离延长100倍。

稀土元素可用作激光的添加剂。钬激光刀威力大、产热少，可在减少患者损伤的情况下治疗结石。钇和铝制作的激光器，甚至可以切割金属。在激光材料中添加镱，可以发出强力高频的超短脉冲，阻止金属结合或切断分子间的结合。

稀土元素可用于制作昂贵的光影器材。钆的化合物用于制作磁共振成像的造影剂。镧的化合物常用于制造特种合金精密光学玻璃、高折射光学纤维板，适合用来做昂贵的摄影机、照相机、显微镜镜头和高级光学仪器棱镜等。

稀土元素也被称为“工业味精”“工业维生素”，将少量稀土金属添加到高科技材料中，就可以使其性能大大提高。

稀土元素还具有净化金属的作用，有“工业黄金”之称。稀土的加入，可以大幅度提高用于制造坦克、飞机、导弹等的钢材、铝合金、镁合金、钛合金的战术性能。

在原子能工业上，氧化钇被用于制造核反应堆的控制棒；铈组稀土元素与铝、镁制成的轻质耐热合金则应用于航空航天工业，用于制造飞机、宇宙飞船、导弹、火箭等的零部件。

稀土元素和它们的氧化物的神奇妙用多不胜数。稀土元素的产品种类很多，共计有 300 多个品种、500 多个规格。稀土元素在冶金、陶瓷、化工、电子、医疗、超导、尖端科技和军工等领域发挥着巨大作用。

科学家认为，在 21 世纪的六大新技术领域——信息、生物、新材料、新能源、空间、海洋，稀土这个元素大家族一定会做出显赫的贡献。

分散且独立矿床少

稀土元素在地壳中的分布相当分散，形成的独立矿床少。在自然界中，稀土元素主要富集在花岗岩、碱性岩、碱性超基性岩中。稀土元素经常共生在同一个矿物中，但它们并非等量共存，有些矿物以铈族稀土为主，有些

稀土矿

矿物则以钇族稀土为主，这加大了稀土的开采难度。

独居石的颜色较艳丽，有棕红色、黄色或黄绿色，在紫外光照射下会发出鲜绿色荧光。具有油脂光泽或玻璃光泽，晶体粗大且透明者可用作宝石。

独居石

“独居石”这名字听起来有无伴独居之意，由英文直译而来，词源来自希腊文 monazem，源于它常以单晶体形式存在，也寓意矿物产出稀少。但从众多“兄弟姐妹”的关系来看，稀土元素并不会独居，只要是稀土矿物，都会“手拉手”一起居住。

独居石是提炼稀土金属铈、镧的主要矿物，中文学名为磷铈镧矿，矿物成分中稀土氧化物含量为50% ～ 68%；也是钚的主要矿源，并常含钍、锆等。独居石为单斜晶系，晶体呈细小板状，常因含铀、钍、镭而具有放射性。

独居石的化学性质比较稳定，密度较大。具有经济开采价值的独居石常形成滨海砂矿和冲积砂矿。共生矿物有氟碳铈矿、磷钇矿、锂辉石、锆石、绿柱石、磷灰石、金红石、钛铁矿、萤石、重晶石、铌铁矿等。

锂辉石（藏于广西壮族自治区自然资源档案博物馆）

萤石、重晶石、方解石

磷钇矿也是提取钇和钇族稀土元素的重要原料，约含 61.40% 的三氧化二钇，还常含铒、铈、镧和钍等元素，主要产于花岗岩及花岗伟晶岩中，有时也产于霞石正长岩及片麻岩中，最常见的共生矿物有锆石、独居石等。风化后的磷钇矿为棱角磨圆的卵形颗粒，存在于砂中。磷钇矿属四方晶系，晶体呈四方柱状或双锥状，集合体呈散染粒状或致密块状，有黄褐色、红色、灰色等，具有玻璃光泽至油脂光泽，莫氏硬度为 4 ～ 5，密度为 4.4 ～ 5.1 克 / 厘米^3，常具放射性，化学性质稳定，溶于热浓硫酸和磷酸。

还是那句话，如果不能因材施用，所有矿物都可能只是堆“散土”。稀土元素的 17 个调皮又活泼的孪生兄弟姐妹，是我们生活品质的提升者，它们在等待我们探索更多的妙用。

磷钇矿晶石

“黄烟”独居石

世界上已发现的稀土矿物和含稀土元素的矿物有250多种，但适合现今选冶条件的工业矿物仅有10多种。世界上稀土元素资源丰富，但分布不均匀。据美国地质调查局（USGS）2020年公布的数据，全世界稀土储量为1.2亿吨（以稀土氧化物计），其中，中国、巴西、越南三国稀土储量约8800万吨，约占全球稀土总储量的73.34%。中国稀土储量约4400万吨，约占全球稀土总储量的36.67%，居世界首位。

广西的稀土矿主要是离子吸附型稀土矿，易采、易提取，主要矿种是独居石和磷钇矿。截至2021年底，广西稀土矿资源储量170.05万吨，排名全国第三；保有稀土储量4.63万吨；轻稀土矿独居石矿（砂矿）储量排名全国第三，重稀土磷钇矿（砂矿）储量排名全国第二；钪矿保有资源量1033.36吨，排名全国第一。

在广西，独居石发现较早。“富贺钟”（贺州市区、富川瑶族自治县、钟山县）一带的锡矿尾砂，工人历来称之为“黄烟”。1946年，桂林市资源委员会复勘黄羌坪铀矿时采集了多种锡矿尾砂“黄烟”，带去南京市测定后鉴定为具有放射性的独居石。花山、姑婆山花岗岩为钨锡之母岩，亦为独居石之来源。

镓：电子工业的脊梁

捧在手心会熔化的金属

如果将一块固态金属镓放在手心，我们就可以亲眼见证它变成液状。不过无须惊慌，这是可爱的稀散金属镓在回应我们手心的温暖。

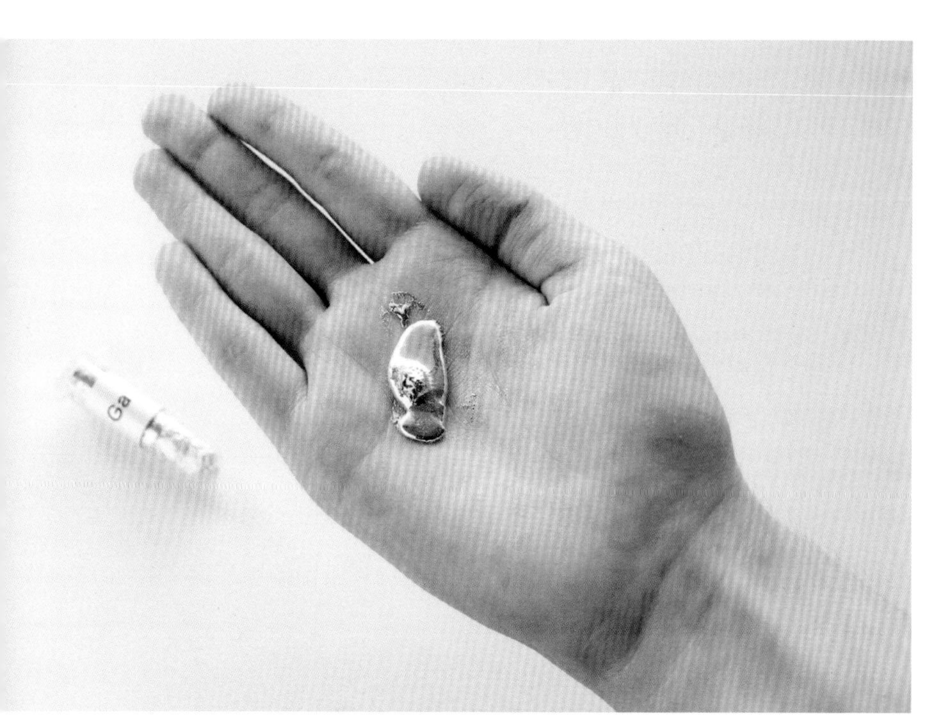

手心温度熔化镓

镓的凝固点很低，仅为 29.78 ℃，在人体温度下能熔化成液体。如果你必须将它带在身上，记得一定要放在塑料袋或塑料容器中保存。

也许有人会认为，金属的优势不应该是硬吗？这样易熔的金属能用来做什么呢？其实，易熔可不是镓的弱点，反而是它的优势。

汞能干的工作，镓也可以做，而且做得更好。比如碘化镓可用于制造高压水银灯，还可以用于制造阴极蒸气灯，用来增大水银灯的辐射强度。再比如汞温度计只能测量 –39 ～ 357 ℃，而镓造温度计的高温测量范围是 700 ～ 900 ℃。这是因为 900 ℃会使玻璃熔化，如果换成水晶等其他耐高温透明裹物，镓造温度计能测的温度范围应该更高。镓的沸点高达 2519 ℃，是自然界液相条件下温差最大的金属元素。此外，汞蒸气有毒，而镓无毒，对人体无害，可放心使用。

半导体行业约占总消费量的 80%

镓有个有趣的特点：它和水一样，都会热缩冷胀，固态体积大于液态体积。作为金属，固态镓可以浮在液态镓之上，像冰浮在水上一样。

热缩冷胀的性质，让镓具有较好的铸造性。合金会改良金属各自的弱点，提升它们的优势。旧时，制造印刷铅字合金时会添加些镓，使字体更清晰。

镓与铟、铊、锡、铋、锌等可在 3 ～ 65 ℃组成一系列低熔合金。含 25% 铟的镓合金为低熔点合金，在

16℃时便会熔化，可用于自动灭火装置中。镓与铜、镍、锡、金等可制成冷焊剂，用于难焊接的异型薄壁、金属间及金属与陶瓷间的冷焊接与空洞堵塞。镓的合金还可以应用到医疗器件和医用材料中，如使用镓合金作为牙齿填充材料。镓还可用于医疗诊断，如使用枸橼酸镓来诊断肺癌和肝癌等。

镓的一系列化合物被广泛应用于半导体，以及光电材料、太阳能电池、合金、医疗器械、磁性材料、化学工业、航空航天等高科技领域。其中，半导体行业已成为镓最大的消费领域，消费量约占镓总消费量的 80%，镓由此被称为“半导体工业的新粮食”和“电子工业的脊梁”。

镓是电脑、手机等制造中不可或缺的半导体材料。

我们在电脑上看到的红光和绿光就是由镓的化合物制作的二极管发出的。目前，在世界上最先进的新兴半导体光电产业中，氮化镓核心材料和基础器件在手机快充、5G 通信、电源、新能源汽车、LED 及雷达等领域有远大的应用前景。目前氮化镓充电器的功率最高可达 120 瓦。砷化镓是研制高频、高速、高温及抗辐照等微电子器件的必要材料。半绝缘砷化镓材料主要用于手机制造、雷达、卫星电视广播、微波及毫米波通信、光纤通信等领域。

广西突破制取高纯金属镓核心技术

镓是典型的稀散元素，在地壳中的含量仅为 0.0015%，且绝大部分呈分散状态，与其他矿物伴生。

自然界中的镓多藏身于铝土矿和铅锌矿中，世界上超过90% 的镓来源于铝土矿床。

镓是广西的优势矿种，广西的镓主要赋存于铝土矿中。截至 2021 年底，广西镓资源储量排名全国第三。

镓

随着电子信息产业的蓬勃发展及其战略地位的进一步提升，镓已然成为一种新兴的战略性矿产资源。美国、日本等国家已将镓列入战略资源，欧盟将其列入关键原材料目录，我国也将镓列为战略储备金属。

高纯度金属镓是镓化物芯片必不可少的关键原材料。之前，中国生产的多为镓的初级产品 [纯度在99.9%（即 3N 级）至 99.99%（即 4N 级）的粗镓]。制备获得超高纯度、符合纳米级别芯片使用的金属镓是解决我国高精尖科技“卡脖子”问题的核心技术之一。

目前，广西在核心技术研发上已取得突破，成功攻破了我国在芯片等半导体关键原材料制备方面的技术难题，制备出半导体用的纯度达到 7N 级以上的高纯镓产品。

铟：合金维生素

柔软易熔，可塑性强

作为离不开手机的现代人，你是否发现，手机触摸屏的玻璃本身并不导电，也不发光，却能够在我们随心所欲地触摸和滑动后，呈现出各种生动、形象的文字和影像。其奥妙之一，就在于屏幕背后涂装的一层透明导电膜，即铟锡氧化物薄膜。这层透明导电膜很薄，厚度不足头发丝直径的五百分之一。

铟是一种银白色金属，稍微带一点淡蓝色；其可塑性比较强，可以压成片，也可以切成块。

铟

铟易熔且质地较软。你知道吗？那些质地非常软又易扭曲、用指甲都能掐出痕的各式各样的保险丝，大多是用易熔含铟合金制造的。在电器时代，细细短短的一小段保险丝，能起到至关重要的作用。

当电流异常增大到一定程度并产生一定热量时，保险丝自身会熔断，从而切断电流，保护电力设备，也保护使用电器的我们。铟的熔点为 156.6 ℃；以铟为主的合金也是易熔的，熔点为 47 ～ 122 ℃。除了用于制造各式各样的保险丝，含铟合金还能制造熔断器、控温器及信号装置等。

生产液晶显示器和屏幕的关键材料

作为易熔合金、轴承合金、半导体、电光源等的原料，铟广泛应用于电子工业、航空航天、合金制造、太阳能电池新材料等高科技领域，同时在通信、电子、国防等领域具有极其重要的战略地位。

铟锭的主要消费领域有两个：一是氧化铟锡作为电子信息工业领域的关键材料铟锡氧化物靶材，用于生产液晶显示器和手机、平板电脑的显示屏，消费量约占总消费量的 70%；二是在电子半导体、焊料和合金领域，其消费量约占总消费量的 12%。

金属铟最大的作用就是用来生产手机屏幕。金属铟是制造铟锡氧化物靶材的好材料，而铟锡氧化物靶材就是手机屏幕的主要材料。用铟锡氧化物靶材能够制造出一种透光性和导电性都非常强的薄膜，用在手机屏幕里效果非常好。除此之外，像电视的液晶屏、平板电脑的显示屏，还有一些影院的幕墙玻璃，以及飞机、汽车的防雾挡风玻璃等，金属铟都有参与制造。可见金属铟在电子工业、信息产业等领域中的重要性。

铜铟镓硒薄膜太阳能电池有着柔和、均匀的黑色外观，主要安装在大型建筑物的玻璃幕墙等地方。铜铟镓硒薄膜太阳能电池具有生产成本低、污染小、不衰退、弱光性能好等优点，光电转换效率居各种薄膜太阳能电池之首，而其成本只有晶体硅电池的三分之一。

奇妙的铟效应

有种说法叫“奇妙的铟效应”，指的是许多合金在掺入少量铟之后，可以提高自身的强度、延展性、抗磨损与抗腐蚀性等。这一现象使铟获得了“合金维生素”的美名。铟合金主要有轴承合金、铁磁合金、记忆合金、装饰用合金、牙科和宝石用合金等。目前，假牙的合金基本上是以金、银和钯为主要成分，并添加 0.5% ～ 10% 铟。铟可以显著提高这些镶补物的抗腐蚀能力和硬度，且不会使这种合金材料发乌。

其实，不少金属合金都有这种效应，比如锰加入铁、锰加入钛，都会将合金改良得更优质。那么，铟对于合金的独特改良性在哪呢？ 铟在其中主要起到变质或改性的作用，如提高有色金属合金的强度、延展性、抗磨性、抗腐蚀性，改变贵金属的色泽等。

世界芯片巨头英特尔公司发布了可以使运算速度提

升 50% 的下一代半导体晶体管的标准——锑化铟晶体管。如今，研究人员正在研究更小、更高效的晶体管的关键新材料——砷化铟镓。

中国的“铟谷”

目前，铟的用量在以每年 10% ～ 20% 的速度增加，人们对铟矿的需求量也随之加大。

已知的铟矿物有硫铟铜矿、硫铟铁矿、水铟矿、硫铟铜锌矿等。此外，锡矿石、黑钨矿、普通角闪石中也含有铟。世界上铟产量的90% 来自铅锌冶炼厂的副产物。铟的冶炼主要是从铜、铅、锌的冶炼浮渣、熔渣及阳极泥中通过富集加以回收。

我国的铟资源储量居世界首位。我国的铟主要伴生于铅锌矿床和铜矿金属矿床中，保有储量为 13014 吨。广西是我国铟资源最丰富、最集中的地区之一。截至 2021 年底，广西查明铟资源储量排名全国第二。

在广西，铟的主要产地是河池市南丹县。在地质学家的眼里，广西南丹县是个“聚宝盆”。早在 2000 年前，南丹人就已懂得采矿、选矿和冶炼了。目前，南丹县是全国锡、锌等有色金属的重要生产基地。广西南丹县大厂锡多金属矿床成矿条件复杂，从高温热液型到低温热液型矿床均有出现，拥有矿物 80 种以上，其中具有经济价值的矿物有 10 多种，铟、镉、镓、硒等三稀金属也是其中可综合开发利用的矿产或元素。

广西南丹县大厂矿区多金属矿中铟含量高、储量大，是全球稀有的特大特富铟矿床。南丹县因此被世界誉为“铟都”。南丹县也是中国铟金属最重要的生产基地，有中国“铟谷”的美誉。

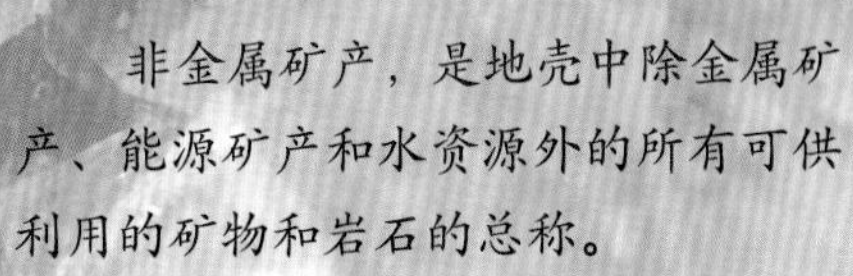

非金属矿产：地藏瑰宝出山野

非金属矿产，是地壳中除金属矿产、能源矿产和水资源外的所有可供利用的矿物和岩石的总称。

早在石器时代，人类对岩石的简单利用使生活得到改善。在科技高速发展的今天，矿物岩石又将人类带入“现代化新石器时代”，使人类的生活条件和生活品质有了更大的提高。

非金属矿产的开发应用水平，是衡量一个国家科技水平和经济水平的重要指标之一。建筑材料、冶金工业的辅助材料、矿物填料及矿物材料、日用化工、公路建设、轻工业、陶瓷工业、农业等，都是非金属矿产大显身手的领域。

目前，世界上可工业利用的非金属矿产超200种。其中，广西已发现51种，已查明资源储量的有46种。

工业矿物类非金属矿产中，重晶石、高岭土、滑石、硫、膨润土是广西的优势矿种；岩石类非金属矿产中，石灰岩、白云岩、大理岩、花岗岩等是广西的优势矿种。

高岭土：瓷器之魂

洋气的“土”

身为一种“土”，高岭土美白雅致，是洋气的“土”。

高岭土本身以白色为主，用它做出来的瓷器更是白净光洁、晶莹如玉。

高岭土矿石

很多国家和地区都会制作陶器，但将粗糙的陶提升为精美的瓷，是中国为世界做出的独特贡献。其中，高岭土功不可没。

景德镇瓷器的瓷土采自景德镇高岭村，“高岭土”因而得名。高岭土使江西景德镇生产的瓷器名扬中外。中国是世界上最早发现和利用高岭土的国家，早在

3000 多年前的商代就出现了从高岭土制成的刻纹白陶。但在那时，人们只是把高岭土当成质量较好的一种陶瓷黏土进行使用。

高岭土是一种黏土，有些是松散的土块，有些是密实的岩块，都是由花岗石和长石风化而成，主要成分是含水硅酸铝。纯质的高岭土洁白细腻如面粉，多无光泽，又称“白云土”。含杂质时，高岭土会呈灰色、黄色、褐色等颜色。大家日常使用的面膜里往往会添加些高岭土，因为高岭土有较强的吸附能力，用其敷脸能吸出皮肤油脂和污垢，让皮肤变得光滑且有光泽。

中国高岭土矿产资源排名世界前列。广东、广西、陕西、福建、江西等省（区）探明的高岭土矿产资源储量占全国总储量的 69%。

截至 2021 年底，广西高岭土保有资源量 10.84 亿吨，排名全国第一；保有高岭土储量 3.71 亿吨，排名全国第一。广西已查明的大型高岭土矿区主要分布在北海市、玉林市等地。广西北海市合浦县十字路高岭土矿是国内五大高岭土矿之一，矿产地内的砂质高岭土矿是由加里东晚期的钾长石花岗岩风化残积而成。

广西北海市合浦县十字路高岭土矿石

DAEWOO
DAEWOO
DH300
KATO
HD-700
EXCEED

高岭土矿露天采场

从“观音土”到新材料

有的地方将高岭土称为“观音土”，因为从前在青黄不接时或灾荒年间，穷人常常靠吃高岭土活命。遗憾的是，尽管“吃土”让人们肚子不饿了，却因难以排便，使人腹胀如鼓。虽然少量食用高岭土不足以致命，但若过多食用，人会被活活憋死。

还有些地方的人有吃高岭土缓解胃痛的习惯。实际上，高岭土中的确含有某些胃药的有效矿物成分。

高岭土的主要矿物成分是高岭石、蒙脱石、水云母及石英、长石等。

高岭石是组成高岭土的主要矿物，主要是长石和其他硅酸盐矿物经风化作用或低温热液交替作用的产物，是一种含水铝硅酸盐。高岭石总是以极微小的微晶或隐晶状态存在，形成或致密或疏松的块状，一般为白色，如果含有杂质便呈米色，碾碎后像面粉。

待加工的高岭土矿

蒙脱石又称微晶高岭石，白色，有时为浅灰色、粉红色、浅绿色。蒙脱石对消化道黏膜起保护和修复作用，它不进入血液，可以完全排出体外，绝不残留，任何细菌病毒对其都不会产生耐药性，可用于治疗急性腹泻、慢性腹泻，对儿童急性腹泻治疗效果尤佳。

高岭土不仅能用来制作陶瓷。在一些高新技术领域也大量运用高岭土作为新材料，使高岭土成为造纸、橡胶、化工、电子、涂料、油漆、耐火材料、国防、军工、医药、化妆品、农药等几十个行业所必需的矿物原料。

但高岭土最令人注目的用途，仍是制作陶瓷。

高岭土之所以成为陶瓷工业最主要的原料，是因为其具有良好的可塑性、耐火性、绝缘性和化学稳定性。

尽管现代科学技术飞速发展，人们在瓷器制作过程中使用“多元配方”，添加多种材料，使瓷器更完美，但始终离不开传统的高岭土。就连原子反应堆、航天飞机和宇宙飞船的耐高温瓷器部件，其主料也是高岭土。

高岭土，依然是瓷器之魂。

国家级非物质文化遗产

高岭土的开发利用与陶土制陶有密切的关系。广西是世界最重要的陶器发源区域之一。桂林市甑皮岩等遗址出土了万年前的原始陶器，使广西陶器有“万年桂陶”之称。

在广西的新石器时代遗址中，普遍发现有陶片，表明约一万年前广西先民已发现和利用高岭土等黏土矿。桂林市是全球唯一有 3 处万年古陶遗址的城市。广西还有许多出土的原始陶：桂林市庙岩素面陶，桂林市甑皮岩遗址陶，有 7000 余年历史的柳州市大龙潭鲤鱼嘴遗

桂林市甑皮岩遗址出土的古陶块

贵港市汉墓出土的陶井、陶牛车和陶俑

址陶，有 8000 余年历史的南宁市豹子头贝丘遗址陶，有一万余年历史的南宁市顶蛳山遗址陶，有四五千年历史的钦州市红泥岭、上洋角、独料遗、马敬坡等遗址陶……广西出土的春秋战国等时期的硬质陶和釉陶，是以高岭土作为原料烧制而成的，这表明广西在普遍开采利用陶土的基础上，对高岭土也进行了开发利用。

玉林市北流市是广西著名的“陶瓷之乡”，也是广西重要的日用陶瓷工业生产和产品出口基地。广西钦州坭兴陶与江苏宜兴紫砂陶、云南建水陶、重庆荣昌陶并

坭兴陶

称“中国四大名陶”，是国家级非物质文化遗产。

在广西，坭兴陶使高岭土、陶土等成为传承古老的茶文化的矿物代表。

质地细腻光润的坭兴陶，采用的陶瓷土分为东泥和西泥。东泥为白色的高岭土，西泥为遇水变泥的紫红色陶土风化石块。神奇的是，这种用东西两泥按照一定比例混合而成的特定陶土，其陶坯不用上釉上彩，经高温烧制窑变会产生自然陶彩，古铜色、墨绿色、紫红色、栗色、铁青色等诸多色泽若隐若现。坭兴陶的这些颜色，都是自然这位调色大师随机配制的，人为并不能控制，尤为神奇。

重晶石：重如金属的岩石

密度虽大但不硬

重晶石是较重的石头，密度为 4.3 ～ 4.5 克 / 厘米^3，即 1 立方米的重晶石重 4.3 ～ 4.5 吨。金属矿石的密度为 3.5 ～ 5.0 克 / 厘米^3，岩石的密度为 1.2 ～ 3.5 克 / 厘米^3。重晶石的密度在金属矿石的范围内。

菱锰矿和重晶石

沉甸甸的重晶石成分为硫酸钡，是提取钡的最常见矿物。目前已知的含钡矿物有 20 多种，但只有重晶石和毒重石才能形成具有工业利用价值的矿床。有人可能会以为，重晶石这么重，是因为钡含量高。这是一个误会，因为纯钡金属的密度也才 3.51 克 / 厘米^{3}。重晶石之重是大自然的神秘安排。

重晶石的晶体常呈厚厚的板状或柱状，质纯时无色透明，一般呈白色，含杂质时染成灰白色、浅黄色、浅褐色，具有玻璃光泽，条痕色即本色——白色。重晶石矿一般与围岩边界清晰，在岩石缝隙或空洞中藏着的重晶石会发育成柱状重晶石晶簇、板状重晶石玫瑰花。

重晶石晶簇

重晶石密度大，但并不硬，莫氏硬度为 3 ～ 3.5，比方解石略软，和石膏差不多。有时候仅看外形容易将重晶石与石膏混淆，其实用手掂掂它沉不沉，就能区分它是重晶石还是石膏。毕竟，作为石头，重晶石真是挺重的。

重晶石就算磨成粉末，放一点点在手心都会让人觉得沉甸甸的，好像手上放的是一块铁。

重晶石粉的用途

当然，重晶石也不是白长这么重的。虽然不能当金属使用，但是石头重也能重出用处。

沉甸甸的重晶石粉，是石油、煤层气和天然气钻井平台的好帮手。往钻井泥浆中加入重晶石粉，可以增加泥浆的比重，使泥浆重力与地下油气压力平衡。重晶石粉还可以起到冷却钻头、加固井壁的作用，从而防止井喷事故的发生。

沉甸甸的重晶石粉，还能当填料用。将用重晶石填充制造的轮胎安装于道路建设的重型设备，使其分量十足，从而夯实填土。在油漆工业中，重晶石粉填料可以增加漆膜厚度、强度，增强耐久性。造纸工业、橡胶和塑料工业也用重晶石作为填料，以提高橡胶和塑料的硬度、耐磨性及耐老化性。

除质量大外，重晶石对射线还具有吸收和屏蔽的作用。重晶石粉制作的钡水泥、重晶石砂浆和重晶石混凝土等大密度混凝土建筑材料，可用于原子能工业，建设核电站及 X 射线实验室等的 X 射线防护性建筑。

金属钡及其化合物的用途

重晶石的成分为硫酸钡，是提取有色重金属钡的主要矿物。

金属钡的重要用途之一是用作真空管和显像管中的吸气剂、黏结剂，还广泛应用于陶瓷敏感元件。钡与铝、镁、铅、钙等金属制成合金，可用于轴承制造。

需要注意的是，除硫酸钡外，氯化钡、硝酸钡、硫化钡、氧化钡、氢氧化钡、碳酸钡等其他钡盐，均有毒性。硫酸钡虽无毒，但硫酸钡粉尘可引起硅肺病。

进行放射学检查时，医生会让我们吃钡餐。钡餐中的钡并不是单质钡，而是硫酸钡剂，它不溶于水也不溶于盐酸，无毒。人们主要利用其在胃肠道内可吸收 X 射线的特性，造影观察患者的消化道是否有病变。

重晶石中的硫酸钡晶体

对于矿物岩石来说，只要利用得好，“重”和“毒”都是优势。正如“重”有重的用途，“毒”也有其合适的用途。人们常利用一些钡化合物的毒性，制作农药和杀虫剂。

钡的化工产品在众多科技和工业领域大显身手。

各种钡化合物广泛应用于制作试剂、催化剂、焰火、合成橡胶的凝结剂、塑料、荧光粉、荧光灯、焊药、油脂添加剂及糖的精制、纺织、防火、钢的表面淬火等领域。

钡盐产品主要应用于电子行业，用作彩色显像管、磁性材料的添加剂。钛酸钡是一种铁电陶瓷材料，主要用于电子陶瓷、PTC 热敏电阻、电容器等多种电子元件的配制，被誉为“电子陶瓷工业的支柱”。

锌钡白颜料就是大家熟悉的立德粉，可部分替代二氧化钛（钛白），用作绘画颜料的原料，也可作为油漆、油墨、橡胶等的着色材料。

金属钡本身无毒，但也千万别将钡放入嘴里，因为它会被你的唾液溶解，产生氢气和氢氧化钡，损伤口腔黏膜和食管壁。氢氧化钡在胃里又会与胃液中的稀盐酸反应，产生氯化钡和水，使人心律不齐、肌无力、呼吸困难……

中国热液型脉状重晶石矿床的典型

重晶石产于低温热液矿脉中，常与方铅矿、闪锌矿、黄铜矿、朱砂等共生。

中国的重晶石矿床在各个地质时代都有产出。在大断裂空间，重晶石沉积形成层状矿床；在中小型断裂、裂隙中，受构造影响，重晶石矿充填形成脉状矿床。层状重晶石矿床矿物组合以重晶石、石英、黏土矿物为主，脉状重晶石矿床矿物组合中主要矿物为重晶石、石英和碳酸盐。

重晶石

我国重晶石矿产资源储量位居全球第一。贵州、湖南、广西、甘肃、陕西五省（自治区）的重晶石资源储量占全国总储量的 80%。

据《中南重晶石产地》记载，广西有 12 个县产出重晶石。广西拥有的独立重晶石矿山较多，品位高、矿床规模大，主要分布于桂中地区的来宾市象州县、武宣县、金秀瑶族自治县及桂北地区的柳州市三江侗族自治县、融安县及桂林市永福县等地，其次分布于桂西南地区的百色市德保县、靖西市及崇左市扶绥县一带。截至 2021 年底，广西重晶石保有资源量 4426.52 万吨，保有储量 1241.10 万吨，储量位列全国第四。

来宾市象州县是热矿泉发育丰富地区。象州县罗秀镇潘村重晶石矿床被列为中国热液型脉状重晶石矿床的典型。

象州县的重晶石发现较早。据《中南重晶石产地》记载，潘村重晶石矿区因群众报矿而发现，当时已有人开采。1970 年，重晶石分布范围被概略圈定。

1983 年，广西第七地质队对该矿床进行勘探，发现硫酸钡品位为 56.05% ～ 95.82%，矿床规模为中型。矿床产在地台隆起区和拗陷区的过渡带，拗陷区一侧具有多阶段性、多成矿作用的特点。岩浆期后从岩浆分离出来的活性很强的含矿热液沿断裂上升，沿途携带了地层中可以被它们摄取的成矿元素和岩浆热液。由岩浆热液和地下水混合成的成矿热液，侵入到已经褶断变形的盖层中，多在有机质含量高的刚性碳酸盐岩中遇到适宜的环境，随沉淀富集结晶成矿。

象州重晶石

石英：撑起群山的硅石

闪光的造岩矿物

石英是自然界中存在的二氧化硅，又称“硅石”，是造岩矿物之一，也是许多岩浆岩、沉积岩、变质岩和热液脉的主要矿物成分。在具有出色的硬度和抗溶解性的花岗岩、砂岩里，坚硬、耐磨的石英闪着光，撑起了绵绵不断的群山。

石英中闪光的是石英晶体。

石英是一种分布十分广泛的非金属矿产资源。石英族矿物约占地壳质量的 12.6%。地球上几乎所有沙子都是混有杂质的石英细粒。石英创造出广西北部湾海滩上最小、最美的砂粒。

从石器时代到现代文明社会，石英一直在为人类社会做贡献。目前具有工业开发价值的石英矿床类型有 7 类，分别是天然水晶、石英砂岩、石英岩、脉石英、粉石英、天然石英砂和花岗岩石英。

截至 2021 年底，广西玻璃用砂、压电水晶储量居全国首位，粉石英、熔炼水晶储量居全国第二位，玛瑙储量居全国第五位，玻璃用脉石英储量居全国第八位，冶金用脉石英储量居全国第十二位。

石英晶体

生长在菱锰矿中的石英

可用之材

石英的工业用途相当广泛，这是因为石英是一种物理性质和化学性质都十分稳定的材料，具有耐高温、耐腐蚀、透光性好、绝缘性好及特殊压电性的性能。

石英不仅可以用于传统工业如玻璃制作、铸造、耐火材料等领域，还被广泛应用于电子材料、二氧化硅薄膜材料、原子能材料、半导体用硅、光纤通信电缆材料及光学光源、光伏能源、航空航天等新兴领域。

天然石英砂是生产玻璃的主要原料，也可以用作陶瓷及耐火瓷器的坯料和釉料，还是冶金、建筑、化工、水处理等行业的主要原料。

脉石英纯度较高，二氧化硅含量一般在 99% 以上，是较理想的提取高纯硅的原料，广泛应用于电子工业、光伏、电光源、光纤通信、半导体、军工等领域。

石英晶簇

粉石英又称风化硅土、高硅土，不需要经过机械研磨即可获得高纯度、超细的硅微粉产品，可作为填料广泛应用于橡胶工业、塑料工业和油漆涂料、造纸、陶瓷、化工等行业，也可作为陶瓷原料等。

生长在白云石中的石英

现代工业中使用的天然水晶，分为压电水晶、光学水晶和熔炼水晶。由于人造水晶制作工艺的进步，天然水晶已经退出光电市场。

尽管随着科技的进步，合成石英更纯净，品质更高，更符合现代需要，价值也远超天然石英，但高品质合成石英的原料仍来自石英矿。

生长在萤石中的石英

从水晶到光伏玻璃

广西的脉石英在宋代就被作为矿产贡品。

在广西的汉唐墓中发现有玻璃制品，据考证，原料出自本土。东晋葛洪在《抱朴子》中云："外国作水精碗，实是合五种灰以作之。今交广多有得其法而铸作之者。"表明晋代交广（今中国广西、广东，越南一带）人开采海滨一带的石英砂，并加纯碱等烧制玻璃。

石英砂是一种以石英为主要矿物成分的砂粒状矿物，是由花岗岩、石英岩、石英砂岩和脉石英等母岩经过长期自然风化而成。石英砂颜色多样，有白色、黄色、黄白色、金黄色、灰色、灰黑色。广西的石英砂矿资源主要分布在北部湾一带，桂南、桂东南地区也有少量分布。广西目前已形成石英砂—光伏玻璃—光伏组件—光伏发电的产业链条。

广西水晶矿资源丰富，分布集中，以百色市最多。天然水晶多是在岩洞、岩石裂缝或节理、断层中自然生长形成的，其生长条件比较苛刻，难以满足大规模工业生产的需要。

水晶，即结晶完美的石英。二氧化硅结晶完美时是水晶，胶化脱水后是玛瑙；含水的二氧化硅胶体凝固后就成为蛋白石；晶粒小于几微米时，就组成玉髓、燧石、次生石英岩。其中，水晶为显晶质石英，肉眼或在放大镜下可辨认出单个晶体；玉髓、玛瑙等为隐晶质石英，只能在显微镜下辨认出单个晶体。

品质好的水晶，现在多用于制作工艺品和观赏石。纯净的水晶为无色透明的晶体，含微量的其他元素时，可呈现出不同的颜色：紫色透明或半透明者称“紫水晶”；浅玫瑰色半透明者称“蔷薇石英”，又叫“芙蓉石”“粉晶”；烟色或褐色透明者称“烟水晶”；黑色半透明者称“墨晶”；金黄色或柠檬黄色者称“黄水晶”。

玛瑙

紫水晶

黄水晶

大理岩：回炉再造美如玉

从石灰岩变质

美丽的大理岩是变质岩的一种。

大理岩并不是一开始就拥有美丽的流动条纹，它的前身是以灰黑色为主的石灰岩，但它比石灰岩更坚硬，质地更加细腻，传承了石灰岩来自海洋生物的风骨灵气。

大理石

元素、地质作用、热液，是大自然母亲造矿的 3 根“金手指”。

当石灰岩再次遇上地壳运动及岩浆地质环境变化等地质作用，坚硬的岩石开始回炉再造，在高温高压下重回半流动液态，再经地层的挤压，就像发酵好的面团被任意揉搓。半流动液态石灰岩“面团”被扭曲，多层结构互相渗透，元素重组，矿物重新结晶，具粒状变晶结构，最终变质形成大理岩。

变质后的大理岩，矿物颗粒不再以方解石为主，而是形成了相当一部分白云石。岩石形态也随之发生变化，颜色变得丰富起来，块状或条带状构造有了明显的流动条纹，仿佛从馒头变成了花卷。

高级建筑材料

大理岩经过切割和打磨，具有很好的耐磨性和光洁度，如同玉石般美观，还可防水防冻。它特殊的纹理和图案，如天然的水墨山水画，使它成为很受欢迎的高级建筑、雕刻、装饰材料，常用于建造纪念碑，以及用于铺砌地面、雕刻栏杆等，也用作桌面、石屏或其他装饰。

大理岩以白色和灰色居多。其中，质地均匀、细粒、白色者，又被称为“汉白玉”。北京天安门的华表和人民英雄纪念碑的浮雕，故宫内的汉白玉栏杆和保和殿后重达 250 吨的云龙石，都是用汉白玉雕刻而成。

大理岩还在电工材料中用作隔电板，含钙量高的大理岩还可作为石灰和水泥的原料等。

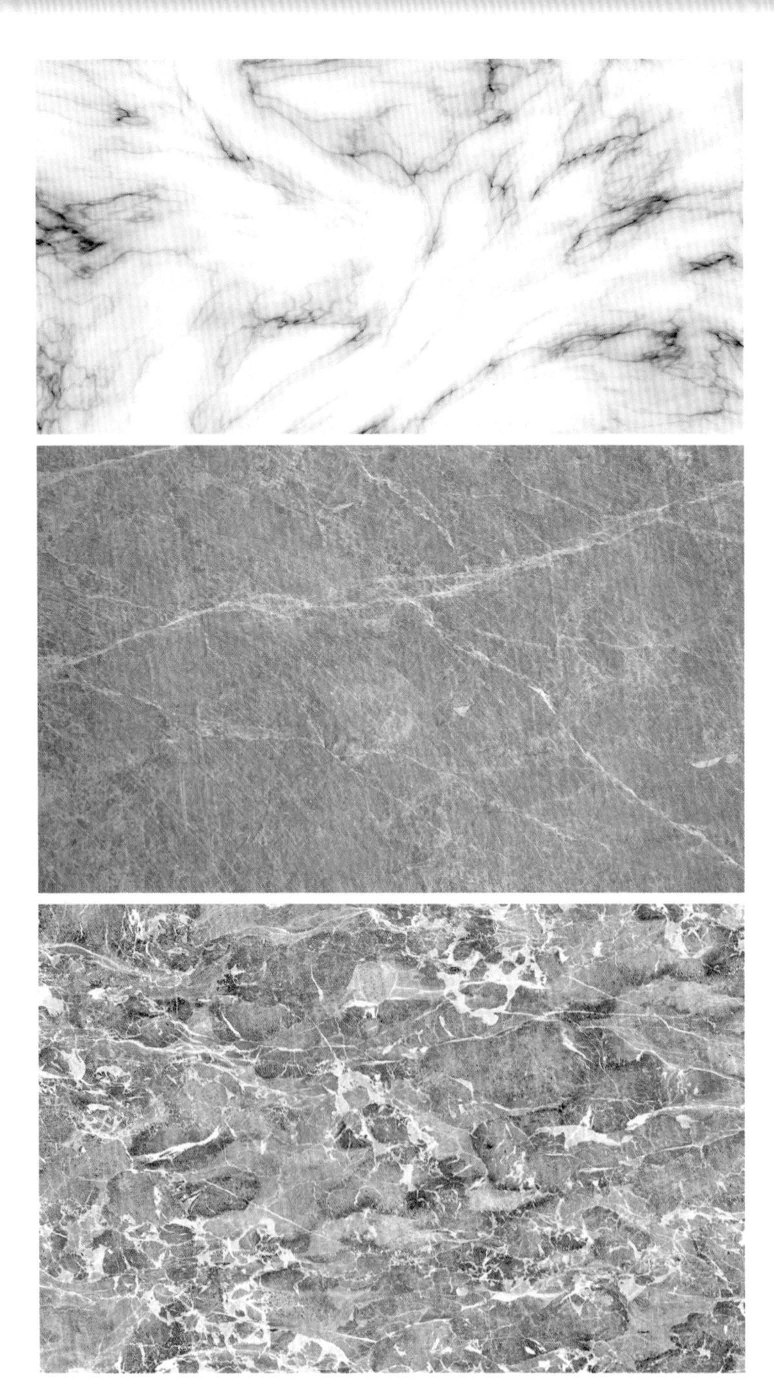

大理石纹理

大理石纹理

碳酸钙含量高于 99% 的贺州白

大理岩因盛产于云南大理而得名。其实大理岩的产地遍布全国。

广西的大理岩主要分布在贺州市和百色市田阳区的坡洪镇、那满镇一带。贺州市拥有华南地区最大的汉白玉大理石矿山资源，白色大理石矿储量居全国首位。“贺州白”大理石因碳酸钙含量高于 99%，白度大于 95 度，色相柔和、化学成分稳定，不含硫化物及其他对人体有害的元素等特点，享誉国内外。

白色大理石

在广西贺州市姑婆山南麓，由“汉白玉”构成的柱状、锥状、尖峰状和剑状石林，是我国唯一的白色大理岩石林。

贺州玉石林形成于 1 亿多年前的侏罗纪时期，石芽裸露、奇峰突兀，石笋、石柱、地槽、漏斗、狭缝密布，造就了众多奇异的自然景观。许多石头上都有一道道天然的刻痕，天工之作，人工难为，从中可看出大理岩典型的条带状结构。

贺州市的前身，是唐代临贺郡，作为锡矿开采地和锡矿产品集散地而设立。贺州是座矿城，主要矿产有锡、钨、煤。现今，煤在贺州已算是枯竭型资源，取而代之的是碳酸钙循环产业链。它已成为贺州市培育的新矿业支柱产业，就连大理石边角废料都被尽量用完、用好。

地质作用使矿物元素结晶成矿，需要上万年甚至上亿年的征程，百年人生，几千年人类历史，无法与之进行比较。

矿产资源不是为人类而生，但却为人类所用。

我们在大理岩最美的时候遇见它，要万分珍惜。

贺州玉石林

花岗岩：矿床俱乐部

炽热岩浆的凝结和结晶

花岗岩的拉丁文词源 granum，意思是“颗粒”。花岗岩有个明显的特点，其表面和任何切面都布满肉眼可见的粗颗粒，有黄色的，有粉色的，有红色的，有灰白色的。表面和切面纹理深浅交错缘于这些颗粒的自然分布。

花岗岩石块

肉眼可见粗颗粒的花岗岩石块

花岗岩为什么是花的?

因为组成花岗岩的矿物质颜色通常有深有浅，深色的主要是辉石、角闪石还有少量黑云母，浅色的主要有斜长石（白色）、石英（奶白）、钾长石（浅粉色至肉色）等。此外，地壳深部温度较高，岩浆冷却非常慢，这就给矿物晶体生长提供了充足的时间，使得花岗岩中这些矿物质的晶体通常比较大，花斑颗粒特别明显，花岗岩看上去就成花的啦!

广西“岑溪红”和“博白黑”

花岗岩是可直接使用的岩石矿产资源。

花岗岩与玄武岩同属岩浆岩，都是冷凝的岩浆。但花岗岩比玄武岩坚硬，这是因为花岗岩是在距离地面3千米以下冷凝结晶形成的岩体，而玄武岩则是岩浆喷出地表后形成的。花岗岩在地下比玄武岩承受的压力要高许多，长久持续的地下高压使得矿物颗粒间的孔隙较小，导致由岩浆冷却形成的内部结构几乎是一体的，这就让花岗岩比玄武岩的质地更密实，也更坚硬。

花岗岩硬度大，不易风化，耐腐蚀性和耐磨性强，花色美观，外观色泽可保持百年以上……这些特点使它成为建筑和饰面用石的首选材料。而作为天然石材，花岗岩比陶瓷器或其他任何人造材料都稀有，经济价值更高。

在广西的花岗岩中，桂东、桂北地区以饰面用花岗岩为主，桂南地区则以建筑用花岗岩为主。截至2021年，广西建筑用花岗岩储量2.12亿立方米，排名全国第五；饰面用花岗岩储量1.71亿立方米，排名全国第六。

梧州市岑溪市有“中国花岗岩之都”的美誉。产自岑溪市的“岑溪红”、产自玉林市博白县的“博白黑”饰面用花岗岩，都大受欢迎。

“岑溪红”并不是全红的，只是底色是红色系的，

岑溪市花岗岩采石场

是有颗粒状花斑点缀的红；“博白黑”也不是全黑的，只是底色是灰黑色的，是有颗粒状花斑点缀的黑。经打磨光滑后，“岑溪红”切面由其他花斑点缀的红特别明艳，“博白黑”则如黑色夜空中闪着金色繁星。

“岑溪红”

藏在花岗岩中的矿床

花岗岩的形成过程也是一个造矿的过程。元素、地质作用、热液，都是大自然母亲造矿的“金手指”。

温度高于 1500 ℃的地球岩浆，内熔化物和溶液约在几万个大气压的条件下，不断沸腾翻滚，发生化学变化，形成了包含各种元素的液态化合物。当岩浆上侵至地壳，会遇到地表下渗水。流动的高热岩浆，包括接触面上有热水、热蒸汽混合在一起的岩浆，遇上低温围岩会产生类似冶金炉里的“淬火”作用，热液中的化学元素会富集并重结晶，形成矿物、矿床。

体积庞大的花岗岩是个矿床俱乐部，金、铜、镍、钛铁、钨、锡、钼、铅、锌、稀土、沸石、珍珠岩、膨润土、高岭土等均可在花岗岩中成矿。花岗岩中的矿石种类之丰富，矿床种类之多，经济价值之高，是其他类型岩浆岩无法比拟的。

花岗岩成为文化的载体

深埋于地下的花岗岩大规模的产出，与造山作用有密切关系。花岗岩山脉最初是一个完整岩体，由岩浆在地壳逐渐冷却凝结而成，后在地壳运动中露出地表，形成花岗岩山。当花岗岩处于强烈上升时，流水沿近于垂直的剪切裂隙下切，就形成近于直立的沟壑、石柱或孤峰，石柱、孤峰丛集成为峰林。陕西华山、安徽黄山和广西桂平西山，都属于花岗岩山脉，极为雄伟壮观。

桂平西山

广西桂平西山隆起时间为侏罗纪燕山运动中晚期，约 19960 万年前到 14550 万年前，即恐龙成为地球上最优势物种的年代。之后西山又经历抬升，花岗岩经风化、剥蚀、崩塌等，最终形成如今秀美的地貌。

西山上有许多巨大的花岗岩落石。在花岗岩形成过程中，当炽热岩浆凝结成结晶时，岩体会发生冷缩，产生很多裂隙，即原生节理。有的节理会发育成为断裂构造。当花岗岩上升接近地表，地下水渗浸原生节理，将其切割形成豆腐块状的岩体。岩体进一步风化，变成一个个不太规则的球状岩块，称为“石蛋”。

西山神蛙石

“石蛋”或散落在路旁，独成一景；或搭叠成洞穴，成为修行之地。

西山的花岗岩入了佛家的眼。西山下寺取庵名为“洗石”，是广西著名的古刹。佛家称，西山石“身居瘴乡，粗莽唐突”，须经大自然之风、月、雨、露、瀑、岚的不断洗涤，才能清净高洁，“洗石”由此得名。

洗石庵

花岗岩形态方正，岩性致密，非常适合刻字。因此，我们看到的花岗岩石刻字迹要比石灰岩等岩壁上的石刻更为清晰。

西山的摩崖石刻有千余件。这些摩崖石刻主要包括历代寺庙楼阁在创建和重修时的碑碣、佛经、铭文、诗词、题景及楹联等。花岗岩，成为文化的载体，为西山增添一道文化内涵。

《西山云林幽谷亭记》题刻

石灰岩：甲天下山水里的碳酸钙精灵

清清白白出深山

你有没有用过自热方便食品？它很神奇，你在旅途中或去野餐时，不用火不用电，只要将它自带的自热包浸在水里，就能产生足够的热量将食物加热煮熟，很是方便。

自热包的发热原理是什么？答案来自自热包里的一种矿物——生石灰。生石灰粉和水接触后会在短时间内释放大量热量。

石灰雪白雪白的，由石灰岩等碳酸钙石料煅烧制成。明代诗人于谦写的《石灰吟》，将生石灰的煅烧过程描

石灰

述得很形象：“千锤万凿出深山，烈火焚烧若等闲。粉骨碎身浑不怕，要留清白在人间。”

好一个要留清白在人间！

看似冰冷的石灰岩，竟然蕴藏着这样大的能量。远看，石灰岩崖壁是清冷的灰白色、灰黑色；走近细看，会发现崖壁上还藏有灰色、黄色、浅红色、红褐色等丰富的色彩。石灰岩，无论是煅烧成石灰，还是加工成碳酸钙粉，都是雪白的。

石灰岩

石灰岩山峰——桂林西山龙头峰

石灰岩里的碳酸钙精灵

石灰岩出自山野，是重要的碳酸钙矿产资源。

石灰岩是以方解石为主要成分的碳酸盐岩，具有导热性、坚固性、吸水性、不透气性、隔音性、磨光性、较好的胶结性及可加工性等优良性能，既可直接利用原矿，也可进行深加工应用。

按照石灰岩的用途，可将石灰岩大致分为水泥用石灰岩、熔剂用石灰岩、化工用石灰岩等。石灰岩是大部分工业制造的上游和原始材料，几乎应用于所有轻重工业的生产和制造部门。石灰岩最传统的利用方式是建造建筑。屹立千年不倒的比萨斜塔，就是由白色石灰岩建造的；举世瞩目的万里长城是用糯米和石灰混合作为黏合剂。

现在，用洁白的碳酸钙粉体加工的产品，早已深入到千家万户。

碳酸钙结晶粉雪白无瑕，是藏在石灰岩里的精灵。

碳酸钙有方解石、文石、球霰石3种同质异形体，拥有晶体骨架和纤维质。

我们吃的钙片，大部分是用碳酸钙制作而成的营养补充剂；我们常用的食品膨松剂、面粉处理剂、洗衣粉、饲料营养强化剂等，都有轻质碳酸钙成分。重质碳酸钙可用作牙膏摩擦剂或用于普通玻璃、光伏玻璃制作等。广西碳酸钙产业规模居全国之首。碳酸钙产业已成为新材料朝阳产业。

碳酸钙粉分为重质碳酸钙粉、轻质碳酸钙粉、超细重钙粉，妙用有很多：通常用作功能性填料，在增加容积、稳定尺寸、强化耐热、平整、增加光泽等方面能对制品起到明显效果，从而达到降低成本、提高制品质量的目的；广泛作为基础材料，用于水泥、建材、沥青、橡胶、塑料、油漆、涂料、纸张、玻璃、化妆品、牙膏、油墨、糖、药、食品、饲料、绝缘材料、洗涤剂、清洁剂、黏结剂和密封剂等制造领域。

在塑料制品中，碳酸钙能起到如骨架或钢筋般的支撑作用。在造纸过程中使用碳酸钙，能保证纸张的强度和白度，且成本较低；新型钙塑复合材料，甚至可大量代替传统纸张。在电缆行业，碳酸钙材料能起到一定的绝缘作用。在玻璃生产中加入碳酸钙粉，产出的玻璃就和磨砂一样变得半透明，用于做灯罩，有助于营造温馨气氛。

广西碳酸钙资源丰富。广西质量较好的石灰岩矿主要分布于河池市宜州区、环江毛南族自治县，柳州市，来宾市、百色市那坡县、平果市、乐业县一带；崇左市凭祥市、龙州县、扶绥县一带；整个桂中盆地；以及桂

北海槽和桂林市永福县、全州县一带。

2021 年底，广西首次系统完成南宁、贺州、来宾等 8 个市的碳酸钙资源勘查，提交资源量达 70 亿吨，潜在经济价值超千亿元，预计可保障广西 30 年以上碳酸钙及相关产业的发展需求。截至 2021 年底，广西方解石保有资源量 2.87 亿吨，排名全国第二；熔剂用灰岩保有资源量 20.87 亿吨，排名全国第一；水泥用灰岩保有资源量 70.53 亿吨，排名全国第九。

桂林山水甲天下

在广西喀斯特地区，有许多石灰岩山峰拔地而起。岩石如书页层层叠叠，那是沉积岩特有的层理和层面构造，它们记载着地球的往事和地质历史事件。

石灰岩在广西造就了甲天下的桂林山水。

桂林山水

据测量，桂林盆地的石灰岩有 2000 ～ 3000 米厚，面积为 7000 多平方千米。在石灰岩切面上，有时还能见到残余的生物骨架结构，它悄悄告诉我们，广西这片土地曾是海域。

桂林茅茅头大岩洞穴内的流石坝

石灰岩形成于古浅海底层层沉淀堆积的贝壳和各种海洋动物遗骸。经过亿万年的地质作用，沉积物紧压胶结，被大自然改造成富含碳酸钙的石灰岩。

桂林市是非常典型的喀斯特地貌，即岩溶地貌。流水通过对石灰岩的侵蚀和化学溶蚀作用，造就了山清水秀、洞奇石美的桂林山水。

广西裸露石灰岩面积有 97735 平方千米，约占广西总面积的 41％；埋藏石灰岩面积有 24752 平方千米，约占广西总面积的 10％。两者相加，石灰岩面积约相当于广西总面积的 51％。

广西诞生出了最典型、最多样的喀斯特地貌形态，峰林和峰丛是最经典的喀斯特景观。我国 98% 的峰林地貌和 80% 的峰丛地貌都分布在广西。

桂东北地区有全国闻名的桂林山水峰林景观，桂西南地区的崇左市同样有着秀美瑰奇的峰林平原，位于桂北地区的罗城峰丛则更加密集分布、气势磅礴，桂西北地区的天坑亦是地形奇观。广西的喀斯特地貌比比皆是，它们形态各异、变化无穷，或气势磅礴，或俏美秀丽。

桂林山水甲天下，广西处处是桂林。石灰岩为广西山水书写传奇。

峰丛地貌

后记

这些矿种，终于多姿多彩地呈现在读者面前。

它们是大地矿藏，带着八桂自然与文化的烙印，述说着星球起源及地质演化的亿万年历史。

我曾走进幽深的地下窿道，抚摸洞壁的古老矿物岩层，感恩地球母亲以神力造矿。

我常驻足在地质博物馆的矿物岩石标本前，致敬李四光、黄大年等科学家，致敬栉风沐雨的地质科技人员，致敬科学探索精神和科技报国情怀。

我还特意走进过废弃的煤矿，也专程前往碳酸钙这类朝阳矿业观察，探求节约集约利用的真谛。

本书的创作出版，凝聚着许多人的智慧和汗水。在这里，我要特别感谢傅中平、赵东军等地质专家的指导，感谢《南方自然资源》杂志社、广西自然资源档案博物馆同仁们的帮助，是你们的鼓励和支持，助我完成多彩矿藏世界探索之旅。

“自然广西”丛书，为我们解读资源生态的密语。让我们携手走进壮美自然，寻找“金山银山”与“绿水青山”融合的密码，追寻人与自然和谐共生的世界。

陶　琦

2023 年 8 月